# O manifesto das espécies companheiras

— Cachorros, pessoas e alteridade significativa

TRADUÇÃO
Pê Moreira

REVISÃO TÉCNICA E POSFÁCIO
Fernando Silva e Silva

# Donna Haraway

© Donna Haraway, 2016
© desta edição, Bazar do Tempo, 2021

Título original: *The Companion Species Manifesto:
Dogs, People, and Significant Otherness*

Todos os direitos reservados e protegidos pela lei n. 9610, de 12.2.1998.
Proibida a reprodução total ou parcial sem a expressa anuência da editora.

Este livro foi revisado segundo o Acordo Ortográfico da Língua Portuguesa
de 1990, em vigor no Brasil desde 2009.

*Edição* Ana Cecilia Impelliziery Martins
*Assistente editorial* Meira Santana
*Tradução* Pê Moreira
*Revisão técnica, tradução textos adicionais e posfácio* Fernando Silva e Silva
*Copidesque* Elisabeth Lissovsky
*Revisão* Maria Clara Antonio Jeronimo
*Projeto gráfico* Angelo Bottino & Fernanda Mello

CIP-BRASIL. CATALOGAÇÃO NA PUBLICAÇÃO
SINDICATO NACIONAL DOS EDITORES DE LIVROS, RJ

H233m

    Haraway, Donna, 1944–
      O manifesto das espécies companheiras : cachorros, pessoas
e alteridade significativa / Donna Haraway ; tradução Pê Moreira ;
revisão técnica e posfácio Fernando Silva e Silva. – 1. ed. –
Rio de Janeiro : Bazar do Tempo, 2021.
    184 p. ; 21 cm.       (Mundo junto)

    Tradução de : The Companion Species Manifesto: Dogs,
People, and Significant Otherness
    Inclui bibliografia
    ISBN 978-65-86719-64-2

    1. Relação humano-animal. 2. Cães – Aspectos psicológicos.
3. Relação humano-animal. I. Moreira, Pê. II. Silva, Fernando Silva e.
III. Título. IV. Série.

21-71200                CDD: 179.3
                          CDU: 179.3

Leandra Felix da Cruz Candido – Bibliotecária – CRB-7/6135

2ª reimpressão, setembro 2023

Rua General Dionísio, 53, Humaitá
22271-050 – Rio de Janeiro – RJ
contato@bazardotempo.com.br
bazardotempo.com.br

I — Naturezas-culturas emergentes 9
Preensões 14
Companheiros 19
Espécies 23

II — Histórias de evolução 35

III — Histórias de amor 43

IV — Histórias de adestramento 51
Servidão positiva 53
Beleza severa 58
Aprendiz no *agility* 64
Correspondência com Gail Frazier, professora de *agility* 66
A história do esporte 67

V — Histórias das raças 75
Cães de montanha dos Pirineus 77
Pastor-australiano 93
Uma categoria só sua 100
A partir de "Notas da filha de um jornalista esportivo" 111

*Os manifestos de Donna Haraway: do ciborgue às espécies companheiras.*
*Quando jamais fomos humanos, o que fazer?* 121
Entrevista com Donna Haraway por Nicholas Gane

*A autora do* Manifesto das espécies companheiras *manda um e-mail para seus entusiastas de cachorros* 167

*Revisitando a gatolândia em 2019: situando habitantes do Chthuluceno* 173

Posfácio — *Uma filosofia multiespécie para a sobrevivência terrestre* 177
Fernando Silva e Silva

Bibliografia selecionada de Donna Haraway 185

# I — Naturezas-culturas emergentes

A partir de "Notas da filha de um jornalista esportivo"

A sra. Cayenne Pepper segue colonizando todas as minhas células – um caso claro do que a bióloga Lynn Margulis chama de simbiogênese. Aposto que, se conferissem nosso DNA, encontrariam potentes transfecções[1] entre nós. Sua saliva com certeza tem vetores virais. Seus beijos de língua ágil são certamente irresistíveis. Ainda que nós duas façamos parte do filo dos vertebrados, estamos não apenas em gêneros e famílias distintas, mas também em ordens[2] completamente diferentes.

Como pôr isso em ordem? Canídeo, hominídeo; animal de estimação, professora; cadela, mulher; atleta, condutora.[3] Uma de nós tem um microchip de identificação implantado debaixo da pele do pescoço; a outra tem um documento de identidade com foto, emitido pelo estado da Califórnia. Uma de nós tem um registro escrito de vinte gerações de ancestrais; a outra não sabe os nomes de seus bisavós. Uma de nós, produto de uma vasta mistura genética, é considerada "de raça pura". A outra, igualmente produto de uma grande mistura, é "branca". Cada uma dessas denominações marca um discurso racial e ambas herdamos, na carne, suas consequências.

---

1 Termo da microbiologia para transformação de propriedades celulares a partir da introdução de um código genético diferente. (N.R.T.)

2 Nesta frase, Haraway remete a categorias taxonômicas. Esses termos permeiam o texto; eles são, do mais geral ao mais específico: reino, filo, classe, ordem, família, gênero, espécie. (N.R.T.)

3 "Condutor(a)" é o termo utilizado para se referir às pessoas que acompanham seus cães nos percursos de *agility*. (N.R.T.)

Uma de nós está no auge de suas ardentes e jovens capacidades físicas; a outra é vigorosa, mas está acabada. Nós praticamos um esporte de equipe chamado *agility* nas mesmas terras indígenas expropriadas onde os ancestrais de Cayenne pastoreavam ovelhas merino. Essas ovelhas foram importadas da economia pastoral colonial já existente na Austrália para alimentar os migrantes da Corrida do Ouro na Califórnia. Em camadas de história, de biologia e de naturezas-culturas, o nome do jogo é complexidade. Somos, as duas, filhas da conquista, famintas por liberdade, produtos de colônias brancas de povoamento, saltando obstáculos e rastejando por túneis no percurso em disputa.

Tenho certeza de que nossos genomas são mais parecidos do que deveriam ser. Deve haver algum registro molecular de nosso toque nos códigos da vida que deixará vestígios no mundo, sem importar que sejamos fêmeas reprodutivamente silenciadas – uma pela idade, outra por intervenção cirúrgica. Sua língua rápida e ágil de pastor-australiano de pelos avermelhados já passou pelos tecidos das minhas amígdalas, com todos os ávidos receptores do meu sistema imunológico. Quem sabe aonde meus receptores químicos levaram suas mensagens ou o que ela tirou do meu sistema celular para diferenciar eu e outro e ligar o fora ao dentro?

Tivemos conversas proibidas; tivemos trocas orais; somos obrigadas a contar histórias e mais histórias compostas apenas de fatos. Estamos treinando uma à outra em atos comunicacionais que mal entendemos. Somos, constitutivamente, espécies companheiras. Nós criamos uma à outra na carne.[4]

---

**4** Ao longo do *Manifesto das espécies companheiras*, Haraway aproxima e contrapõe repetidamente carne e figura (ou signo) para tematizar os aspectos materiais e semióticos que compõem as espécies, o mundo e os indivíduos. O posfácio neste volume explora esse tópico em maiores detalhes. (N.R.T.)

Um *outro significativo*[5] uma para a outra, em diferença específica, significamos na carne uma forte infecção de desenvolvimento chamada amor. Esse amor é uma aberração histórica e um legado natural-cultural.

Este manifesto explora duas questões decorrentes dessa aberração e legado: (1) como uma ética e uma política comprometidas com o florescimento de alteridade significativa poderia ser aprendida se levássemos a sério relacionamentos entre cachorros e humanos; e (2) como histórias sobre mundos de cachorros e humanos poderiam finalmente convencer estadunidenses acéfalos, e talvez outras pessoas menos historicamente deficientes, que a história importa nas naturezas-culturas?

*O Manifesto das espécies companheiras* é um documento pessoal, uma incursão acadêmica em excessivos territórios semiconhecidos, um ato político de esperança num mundo à beira de uma guerra mundial, e, por princípio, um trabalho permanentemente em desenvolvimento. Ofereço aqui equipamentos mordidos e argumentos mal treinados para dar nova forma a algumas histórias com as quais me importo bastante, como pesquisadora e como pessoa no meu aqui e agora. Esta história é principalmente sobre cachorros. Apaixonadamente envolvida nesses relatos, espero trazer definitivamente os

---

5 O termo "alteridade significativa", presente no título do livro, traduz aqui a expressão em inglês "significant otherness". No texto, o termo "outro significativo" traduz "significant other". A expressão se refere na cultura anglófona a "alguém importante para alguém" – em geral, mas não necessariamente, um parceiro romântico ou sexual – sem com isso fazer qualquer pressuposição de gênero ou da natureza da relação. Em um contexto coloquial, se poderia traduzir por parceiro ou companheiro. Neste caso, porém, as ideias tanto de significativo quanto de alteridade não poderiam ser suprimidas sem prejudicar a compreensão dos argumentos da autora. (N.R.T.)

meus leitores para dentro do canil. Também espero, porém, que mesmo quem tem fobia de cachorros – ou apenas aqueles que dedicam seu pensamento a assuntos mais nobres – encontre aqui argumentos e histórias que importam para os mundos em que venhamos a viver. As práticas e os atores nos mundos caninos, humanos e não humanos, devem ser preocupações centrais nos estudos da tecnociência. Ainda mais importante para mim, quero que meus leitores saibam porque considero a escrita canina um braço da teoria feminista, ou o contrário.

Este não é meu primeiro manifesto. Em 1985, publiquei o *Manifesto ciborgue* na tentativa de compreender de maneira feminista as implosões da vida contemporânea na tecnociência. Ciborgues são "organismos cibernéticos", nomeados em 1960, no contexto da corrida espacial, da Guerra Fria e das fantasias imperialistas de um tecno-humanismo embutido em projetos políticos e de pesquisa. Tentei habitar criticamente o ciborgue, ou seja, nem celebrando nem condenando, mas em espírito de uma apropriação irônica para fins nunca previstos pelos guerreiros espaciais.

Ao contar uma história de coabitação,[6] coevolução e socialidade interespecífica encarnada, o presente manifesto se pergunta qual dessas duas figuras improvisadas – ciborgues e espécies companheiras – pode informar de modo mais frutífero políticas e ontologias vivíveis nos mundos de vida de hoje. Essas figuras não estão em polos opostos. Tanto ciborgues quanto espécies companheiras unem, de formas ines-

---

6 Na obra de Haraway, sobretudo a partir do *Manifesto das espécies companheiras*, o prefixo "co-" é muito utilizado, de modo a dar ênfase à mutualidade dos processos que descreve. Algumas das expressões já haviam sido cunhadas antes, como coabitação e coevolução, enquanto outras são criações suas, como co-história. (N.R.T.)

peradas, humano e não humano, orgânico e tecnológico, carbono e silicone, liberdade e estrutura, história e mito, o rico e o pobre, o Estado e o sujeito, diversidade e esgotamento, modernidade e pós-modernidade, e natureza e cultura. Além disso, nem um ciborgue nem um animal de companhia agradam aos puros que anseiam por fronteiras mais protegidas entre espécies e pela esterilização de categorias desviantes. Não obstante, as diferenças entre o mais politicamente correto ciborgue e um cachorro comum são importantes.

Eu me apropriei dos ciborgues para fazer um trabalho feminista durante a Guerra nas Estrelas de Reagan, em meados dos anos 1980. Ao fim do milênio, ciborgues já não serviam, como serve um cão pastor, para arrebanhar os fios necessários à investigação crítica. Sendo assim, me jogo com alegria aos cães para explorar o nascimento do canil, de modo a ajudar a produzir ferramentas para os estudos da ciência e da teoria feminista no presente, quando "Bushes" secundários ameaçam substituir a floresta primária das naturezas-culturas – em que a vida é mais possível – em políticas de orçamento de carbono de toda a vida à base de água da Terra. Tendo vestido a camisa dos "ciborgues para a sobrevivência terrestre!" por tempo suficiente, agora marco a mim mesma com um novo *slogan*, um que apenas mulheres do *schutzhund*,[7] praticantes de esportes com cachorros, poderiam ter cunhado, quando até mesmo uma primeira beliscada pode resultar numa sentença de morte: "corra ligeiro; morda com força!".

Essa é uma história sobre biopoder e biossocialidade, e também sobre tecnociência. Como toda boa darwinista, conto uma história sobre evolução. Aos modos de um

---

7 Esporte canino em que cachorro e condutor fazem provas de obediência, proteção e rastreio. (N.R.T.)

milenarismo ácido (nucleico), conto uma história sobre diferenças moleculares, mas menos enraizada na Eva mitocondrial de um neocolonialismo *Out of Africa* e mais enraizada naquelas primeiras cadelas mitocondriais que impediram que os homens mais uma vez protagonizassem *A maior história de todos os tempos* [The Greatest Story Ever Told]. Em vez disso, essas cadelas insistiram na história de espécies companheiras, um tipo de conto bastante mundano e persistente, cheio de mal-entendidos, conquistas, crimes e esperanças renováveis. A minha é uma história contada por uma estudante de ciências e uma feminista de certa geração que se jogou aos cães, literalmente. Cães, em sua complexidade histórica, são importantes aqui. Eles não são um álibi para outros temas; são presenças carnais, materiais-semióticas, no corpo da tecnociência. Não são substitutos da teoria; eles não estão aqui apenas para pensarmos com eles. Eles estão aqui para vivermos com eles. Parceiros no crime da evolução humana, eles estão no jardim desde o começo, astutos como coiote.

— Preensões

Muitas versões de filosofias do processo me ajudam a passear com meus cachorros neste manifesto. Por exemplo, Alfred North Whitehead[8] descreveu "o concreto" como "uma con-

---

[8] Alfred North Whitehead (1861–1947) foi um matemático e filósofo inglês. É famoso por sua proposta de uma filosofia do organismo e uma metafísica processual. Sua obra mais célebre é *Process and Reality*, ainda sem tradução no Brasil, mas outros livros importantes foram traduzidos, tais como *O conceito de natureza* (Martins Fontes) e *A ciência e o mundo moderno* (Paulus). (N.R.T.)

crescência de preensões".⁹ Para ele, "o concreto" significava uma "ocasião atual". Realidade é um verbo de voz ativa, e os substantivos parecem ser gerúndios com mais tentáculos que um polvo. Através dos seus movimentos para alcançar uns aos outros, através de suas "preensões", os seres constituem uns aos outros e a si mesmos. Nenhum preexiste a suas relações. "Preensões" têm consequências. O mundo é um nó em movimento. Determinismos biológico e cultural são instâncias de concretude deslocada – ou seja, primeiro erram em entender categorias provisórias e locais como "natureza" e "cultura", e, segundo, confundem consequências potentes com fundações preexistentes. Não existem sujeitos e objetos pré-constituídos nem fontes únicas, atores individuais ou finais definitivos. Nos termos de Judith Butler, só existem "fundações contingentes"; o resultado são corpos que importam. Um bestiário de agências, tipos de relações e marcações de tempo superam as imaginações até mesmo dos cosmologistas mais barrocos. Para mim, é isso que significa *espécies companheiras*.

Meu amor por Whitehead tem sua raiz na biologia, mas está ainda mais na prática da teoria feminista como a vivi. Essa teoria feminista, na sua recusa do pensamento tipológico, de dualismos binários e de diversas formas de relativismos e universalismos, oferece uma rica gama de abordagens sobre emergência, processo, historicidade, diferença, especificidade, coabitação, coconstituição e contingência. Dezenas de escritoras feministas recusaram tanto o relativismo como o universalismo.

9 Preensões, para Whitehead, são os modos como uma entidade ou ocasião atual (termo do autor para acontecimentos, processos e sujeitos) se relaciona com outras entidades atuais e com o ambiente. As preensões antecedem qualquer apreensão ou percepção, elas são uma forma básica de tomada ou possessão daquilo que não são as próprias entidades atuais, mas que as constitui. A concrescência é a confluência de preensões que configura uma entidade ou ocasião atual. (N.R.T.)

Sujeitos, objetos, tipos, raças, espécies, estilos e gêneros são produtos das suas relações. Nada neste trabalho tem a ver com encontrar mundos doces e gentis – "femininos" – e saberes livres de devastação e produtividades do poder. Ao contrário, na investigação feminista se trata de entender como as coisas funcionam, quem são os participantes, que possibilidades existem e como atores mundanos podem, de alguma forma, prestar contas de seus atos e amar uns aos outros de maneira menos violenta.

Por exemplo, estudando salas de aula de matemática do ensino fundamental, na Nigéria pós-independência, onde se falava iorubá e inglês, e participando de projetos sobre o ensino da matemática e políticas ambientais na Austrália aborígene, Helen Verran[10] identifica "ontologias emergentes". Verran faz perguntas "simples": como pessoas com raízes em diferentes práticas de saber podem "seguir juntas", especialmente quando um relativismo cultural fácil não é uma opção, seja por questões políticas, epistemológicas ou morais? Como é possível nutrir conhecimento geral em mundos pós-coloniais comprometidos com levar as diferenças a sério? As respostas para essas perguntas só começam a aparecer em práticas emergentes; ou seja, com um trabalho vulnerável e com os pés no chão que aglomera agências e estilos de vida não harmônicos, responsáveis tanto por suas histórias díspares herdadas quanto por seu futuro comum – quase impossível, mas absolutamente necessário. Para mim, é isso que *alteridade significativa* quer dizer.

Ao estudar práticas de reprodução assistida em San Diego e depois ciências e políticas de conservação no Quênia, Charis Thompson sugere o termo *coreografias ontológicas*. O roteiro da dança do ser é mais que uma metáfora; corpos, humanos e

---

10 Helen Verran é historiadora e filósofa da ciência. É professora na Charles Darwin University, em Darwin, na Austrália. (N.R.T.)

não humanos, são desmontados e montados em processos que tornam a autoconfiança e a ideologia – seja ela humanista ou organicista – guias ruins para a ética e a política, e guias ainda piores para a experiência pessoal.

Por último, Marilyn Strathern, recorrendo a décadas de estudos sobre histórias e políticas da Papua-Nova Guiné, e também à sua própria investigação sobre hábitos ingleses de parentesco, nos mostra porque é uma bobagem conceber "natureza" e "cultura" como polos opostos ou categorias universais. Etnógrafa de categorias relacionais, Strathern nos mostra como pensar em outras topologias.[11] Em vez de opostos, temos todo o caderno de rascunhos do cérebro febril do geômetra moderno para desenharmos a relacionalidade. A antropóloga pensa em termos de "conexões parciais", ou seja, padrões nos quais os atores não são nem todo nem parte. É isso que estou chamando de relações de alteridade significativa. Penso em Strathern como uma etnógrafa de naturezas-culturas; ela não se importaria se eu a convidasse para participar de uma conversa interespecífica dentro do canil.

Para teóricas feministas, quem e o que está no mundo é precisamente o que está em jogo. Essa é uma isca filosófica muito promissora para nos treinarmos a entender as espécies companheiras no tempo profundo narrado, quimicamente

11 A topologia é o estudo matemático das propriedades de um objeto geométrico que se preservam em diferentes tipos de deformações contínuas. Os espaços euclidianos, que recobrem a geometria que conhecemos no cotidiano, são apenas um exemplo de espaços topológicos possíveis. O trabalho antropológico de Marilyn Strathern é associado à topologia por diversos motivos: um interesse expresso em objetos geométricos, como os fractais; a busca, em sua investigação, da persistência de propriedades antropológicas através de múltiplas distorções, produzindo uma nova ideia de similaridade, desconectada da identidade; a ênfase na reconfiguração e redistribuição de categorias básicas da antropologia como sujeito e objeto, natureza e cultura etc. (N.R.T.)

17 — O manifesto das espécies companheiras

gravado no DNA de cada célula, e também em feitos recentes, que deixam traços mais odoríferos. Em termos mais tradicionais, *o Manifesto das espécies companheiras* é uma reivindicação de parentesco, possível de se fazer devido à concrescência de preensões de muitas ocasiões atuais. Espécies companheiras repousam sobre fundações contingentes.

E como o trabalho de um jardineiro decadente que não consegue manter bem a distinção entre naturezas e culturas, o formato das minhas redes de parentesco parece mais com uma treliça ou um calçadão do que com uma árvore. Não há como diferenciar a parte de cima da de baixo, e tudo parece crescer para os lados. Esse tráfego sinuoso como uma cobra é um dos meus temas. Meu jardim é cheio de cobras, cheio de treliças, cheio de desorientação. Instruída por pesquisadores de biologia e bioantropologia populacional e evolutiva, sei que o fluxo multidirecional dos genes – fluxo multidirecional de corpos e valores – é e sempre foi o que deu as cartas no jogo da vida na Terra. Esse é definitivamente o caminho para entrarmos no canil. Deixando de lado outras coisas que humanos e cachorros podem ilustrar, o que interessa agora é que esses companheiros de viagem mamíferos, de corpo grande, globalmente distribuídos, ecologicamente oportunistas, socialmente gregários, escreveram em seus genomas um registro de acasalamentos e trocas infecciosas de arrepiar os cabelos até do mais comprometido defensor do livre-comércio. Até mesmo nas ilhas Galápagos da fantasia moderna de cachorros de raça pura – onde os esforços para isolar e fragmentar populações reprodutoras e esgotar a diversidade herdada parecem experimentos-modelo para imitar desastres naturais de gargalos populacionais e doenças epidêmicas – a incansável exuberância do fluxo genético não pode ser contida. Impressionada por esse tráfego, arrisco alienar meu velho *doppelgänger*, o ciborgue, na tentativa de convencer os leitores que os cachorros podem ser guias melhores para os emaranhados da tecnobiopolítica no Terceiro Milênio da era atual.

— Companheiros

No *Manifesto ciborgue*, tentei escrever um contrato de aluguel, um tropo,[12] uma figura para honrar e viver nos limites das habilidades e práticas da tecnocultura contemporânea, sem perder de vista o permanente aparato de guerra de um mundo pós-nuclear não opcional e suas mentiras transcendentes e muito materiais. Ciborgues podem ser figuras para vivermos nas contradições, atentas à dimensão natural-cultural das práticas mundanas, opostas aos terríveis mitos do parto de si mesmo, abraçando a mortalidade como a condição da vida, e alertas aos hibridismos históricos emergentes que povoam o mundo em todas as suas escalas contingentes.

Entretanto, refigurações ciborgues dificilmente esgotam o trabalho trópico necessário para a elaboração de uma coreografia ontológica na tecnociência. Hoje em dia, vejo ciborgues como irmãos e irmãs mais jovens na imensa família *queer* das espécies companheiras, em que biotecnopolíticas de reprodução são geralmente uma surpresa – às vezes até mesmo

---

12 Um tropo (da palavra grega *tropos*, virada ou maneira) é um termo geral para figuras de linguagem que transformam o sentido de uma palavra, produzindo torções em sua forma ou significado. Metáfora, ironia, metonímia e sinédoque são alguns exemplos de tropos. Além disso, tropismo é um fenômeno biológico em que organismos, geralmente plantas, se movimentam em relação a condições e estímulos ambientais. Em inglês contemporâneo, *trope* também pode se referir a um clichê ou recurso narrativo recorrente. Ao longo deste manifesto e de sua obra, Haraway emprega muitas vezes o termo tropo, assim como o adjetivo trópico. (N.R.T.)

uma boa surpresa. Sei que uma mulher branca estadunidense de meia-idade com seu cachorro praticando *agility* não é páreo para guerreiros e terroristas automatizados, nem seus parentes geneticamente modificados presentes nos anais da investigação filosófica ou na etnografia das naturezas-culturas. Além disso, (1) autofiguração não é minha tarefa; (2) transgênicos não são os inimigos; e (3) diferentemente de várias projeções perigosas e antiéticas no mundo ocidental, que transformam cães domésticos em crianças peludas, cachorros não existem para os humanos. Essa é, na verdade, a beleza dos cães. Eles não são uma projeção nem a realização de um desejo, muito menos o *télos* de nada. Eles são cachorros: uma espécie em relação obrigatória, constitutiva, histórica e proteica com seres humanos. Essa relação não é especialmente agradável; é cheia de desperdícios, crueldade, indiferença, ignorância e perdas, bem como de alegrias, invenções, trabalho, inteligência e diversão. Quero aprender como narrar essa co-história e como herdar as consequências da coevolução na natureza-cultura.

É impossível que haja apenas uma espécie companheira; pelo menos duas são necessárias para que uma exista. Está na sintaxe, na carne. Os cachorros fazem parte da inescapável e contraditória história dos relacionamentos – relacionamentos coconstitutivos em que nenhum dos parceiros preexiste à relação, e essa relação nunca está acabada. Especificidade histórica e mutabilidade regem de ponta a ponta, na natureza e na cultura, na natureza-cultura. Não existe fundação; só existem elefantes sustentando elefantes de ponta a ponta.

Animais de companhia compreendem apenas um tipo de espécie companheira, e nenhuma dessas duas categorias é muito antiga na língua inglesa. No inglês dos Estados Unidos, o termo "animal de companhia" surge nos trabalhos de medicina e de psicossociologia nas escolas de veterinária e espaços afins em meados

dos anos 1970. Essas pesquisas nos informaram que, exceto para as poucas pessoas que não gostam de cachorros em Nova York e que estão sempre obcecadas com cocôs não recolhidos da rua, ter um cachorro regula a pressão arterial e aumenta as chances de você sobreviver à infância, a cirurgias e a um divórcio.

Certamente, em línguas europeias, referências a animais que servem de companhia, em vez de trabalharem ou serem desportistas, precedem em séculos esse uso biomédico na literatura tecnocientífica estadunidense. Além disso, na China, no México e em outros lugares dos mundos antigo e contemporâneo, as evidências documentais, arqueológicas e orais de cachorros como animais de estimação são fortes, junto a um sem-número de outras ocupações. Nas Américas pré-coloniais, para vários povos, os cachorros serviam de ajuda no transporte, na caça e no pastoreio. Para outros, cachorros eram alimento ou fonte de lã. As pessoas que gostam ou têm cachorros costumam esquecer que eles também foram armas guiadas letais e instrumentos de terror no momento da conquista europeia do continente americano, bem como nas viagens imperiais paradigmáticas feitas por Alexandre, o Grande. Com seu histórico de combate no Vietnã, como parte dos fuzileiros dos Estados Unidos, John Cargill – que é criador de akitas e escreve sobre cachorros – nos lembra que, antes da guerra ciborgue, cachorros treinados estavam entre os mais inteligentes armamentos. Cães de caça aterrorizaram escravos e prisioneiros, assim como resgataram crianças perdidas e vítimas de terremotos.

Listar essas funções nos dá uma noção muito rasa da história heterogênea dos cachorros como símbolos e mitos ao redor do mundo. Essa lista também não nos conta como esses cachorros eram tratados ou como se sentiam em relação aos humanos a quem se associavam. Em *A History of Dogs in the Early Americas*, Marion Schwartz diz que alguns cães de caça de povos indígenas passavam pelos mesmos rituais de preparação que os humanos, inclusive ingerindo alucinógenos, como acontecia nas tribos achuar na América do Sul. Em seu livro *In the Company of Animals*, James Serpell relata que, no século XIX, os comanches das Grandes Planícies consideravam os cavalos como animais de grande valor prático. Eles eram tratados de maneira utilitária, enquanto cachorros, domesticados, ganhavam histórias carinhosas e guerreiros choravam suas mortes. Alguns cachorros eram e são pragas; outros foram e são enterrados como pessoas. Os atuais cães pastores do povo navajo se relacionam de maneiras historicamente específicas com o ambiente em que vivem, com suas ovelhas, suas pessoas, coiotes, e com cachorros e pessoas desconhecidos. Nas cidades, nas aldeias e em áreas rurais por todo o mundo, muitos cachorros vivem vidas paralelas entre as pessoas, mais ou menos tolerados, por vezes usados e por outras abusados. Não existe um termo que faça jus a essa história.

O termo *animal de companhia* entra na tecnocultura estadunidense por meio das instituições acadêmicas criadas em terras estatais cedidas no período pós-Guerra Civil, onde foram fundadas escolas de veterinária. Sendo assim, *animais de companhia* têm o *pedigree* do acasalamento do conhecimento tecnocientífico e práticas pós-industriais de criação de animais de estimação com suas massas democráticas apaixonadas por seus parceiros domésticos – ao menos pelos parceiros não humanos. Animais de companhia podem ser cavalos, cachorros, gatos, ou uma variedade de outros seres que estejam dispostos a lançarem-se à biossocialidade de cães de serviço, familiares ou integrantes de um time em um esporte interespécies. De maneira geral, ninguém come seu animal de companhia (nem é por ele comido); e há uma profunda dificuldade de abandonar atitudes colonialistas, etnocêntricas e a-históricas com aqueles que o fazem (comem ou são comidos).

— Espécies

"Espécie companheira" é uma categoria maior e mais heterogênea que animal de companhia, e não apenas porque devemos incluir nela seres orgânicos como arroz, abelhas, tulipas e a flora intestinal, todos essenciais para que a vida humana seja como é – e vice-versa. Quero escrever a entrada do verbete *espécies companheiras* para destacar quatro tons que ressoam simultaneamente na caixa de voz histórica e linguística que nos permite proferir esse termo. Primeiro, como boa filha de Darwin, friso os tons da história da biologia evolutiva, com suas categorias de populações, taxas de fluxo genético, variação, seleção e espécies biológicas. Nos últimos 150 anos, os debates sobre se a categoria "espécie" denota de fato uma entidade biológica real ou apenas figura uma caixa taxonômica conveniente carregam tons harmônicos e tons subjacentes. Espécie se refere a tipos biológicos, e é necessária perícia científica para esse tipo de realidade. Depois de ciborgues, o que passa a contar como tipo biológico perturba antigas categorias de organismo. De maneiras irreversíveis, o maquínico e o textual são internos ao orgânico e vice-versa.

Segundo, tendo aprendido com Tomás de Aquino e outros seguidores de Aristóteles, estou sempre atenta à ideia de espécies como tipos e categorias filosóficas genéricas. Espécie tem a ver com definir diferenças, enraizada em *fugas* plurivocais de doutrinas de causa.

Terceiro, com a alma indelevelmente marcada por uma formação católica, ouço em espécie a doutrina da Presença Sagrada; sob ambos, pão e vinho, os sinais transubstanciados da carne. Espécie fala de uma conjunção corporal do material e do semiótico de maneiras inaceitáveis à sensibilidade protestante secular da academia estadunidense e à maioria das versões da ciência humana da semiótica.

23 — O manifesto das espécies companheiras

Quarto, convertida por Marx e Freud e sendo uma presa fácil para etimologias dúbias, ouço em *espécies* lucros sujos, espécie, ouro, merda, sujeira, riqueza. Em *Love's Body*, Norman O. Brown me ensinou sobre o encontro de Marx e Freud na merda e no ouro, na escatologia primitiva e no metal civilizado, na espécie. Deparei-me com essa junção de novo na cultura canina moderna dos Estados Unidos, com sua exuberante cultura de mercadoria; suas práticas vibrantes de amor e desejo; suas estruturas que amarram juntos o Estado, a sociedade civil e o indivíduo liberal; suas tecnologias vira-latas de criação de sujeitos e objetos de raça pura. Quando enfio minha mão no saco plástico – cortesia dos impérios de pesquisas da química industrial – que antes protegia meu *New York Times* matinal e agora serve para que eu cate o ecossistema microscópico, chamado de cocô, produzido diariamente por meus cachorros, penso em como aquelas pequenas pás para catá-los são uma piada, a qual me leva de volta a histórias sobre encarnação, economia política, tecnociência e biologia.

Em resumo, "espécies companheiras" é uma composição em quatro partes, em que coconstituição, finitude, impureza, historicidade e complexidade são o que há.

*O Manifesto das espécies companheiras* é, portanto, sobre a implosão da natureza e da cultura na implacável e historicamente específica vida conjunta de cachorros e pessoas ligados em alteridade significativa. Muitos são interpelados por essa história, e essa narrativa é instrutiva também para aqueles que tentam se manter a uma distância higiênica. Quero convencer meus leitores de que, enquanto habitantes da tecnocultura, é nos tecidos simbiogenéticos da natureza-cultura que nos tornamos quem somos, nas narrativas e nos fatos.

Pego emprestado o termo *interpelação* da teoria do pós--estruturalista e filósofo marxista francês Louis Althusser sobre como sujeitos são constituídos a partir de indivíduos concretos ao serem "convocados" pela ideologia a assumirem suas posições de sujeito no Estado moderno. Hoje em dia, por meio das nossas narrativas ideologicamente carregadas sobre suas vidas, os animais nos "convocam" a assumir a responsabilidade dos regimes em que eles e nós devemos viver. Nós os "convocamos" para dentro de nossos construtos de natureza e cultura, com grandes consequências de vida e morte, saúde e doença, longevidade e extinção. Nós também convivemos carnalmente uns com os outros de maneiras que não foram esgotadas por nossas ideologias. Histórias são muito maiores que ideologias. É aí que está nossa esperança.

Com essa longa introdução filosófica, estou violando uma das maiores regras do "Notas da filha de um jornalista esportivo" – meus rabiscos caninos em homenagem a meu pai, jornalista esportivo, que estão espalhados neste manifesto. As "Notas" exigem que não haja nenhum desvio das próprias histórias animais. Lições devem ser parte inextricável da história; essa é uma regra para aqueles de nós – católicos praticantes ou relapsos e seus parceiros de viagem – que entendemos a verdade como um gênero e que acreditamos que o signo e a carne são uma coisa só.

Relatando os fatos, contando uma história verdadeira, escrevo as "Notas da filha de um jornalista esportivo". O trabalho de um jornalista esportivo é, ou pelo menos era, relatar o que aconteceu em certo jogo. Sei disso porque, quando criança, eu costumava sentar na sala de imprensa do estádio de beisebol Denver Bears, tarde da noite, e assistir a meu pai escrever e publicar suas histórias dos jogos. Um jornalista esportivo, talvez mais que outros jornalistas, tem um trabalho curioso – contar um acontecimento com uma história composta exclusivamente de fatos. Quanto mais vívida a prosa, melhor; na realidade, se criada fielmente, mais potentes os tropos, mais verdadeira a história. Meu pai não queria ter uma coluna de esportes, uma atividade mais prestigiada no seu ramo. Ele queria escrever relatos dos jogos, queria estar perto da ação, contar as coisas como elas aconteceram; ele não queria procurar escândalos e os melhores ângulos para a meta-história – a coluna. Meu pai tinha fé no jogo, onde fato e história convivem.

Eu cresci no seio de duas grandes instituições que contrariam a crença modernista no divórcio sem culpa, baseado em diferenças irreconciliáveis, entre história e fato. Ambas instituições – igreja e imprensa – são notoriamente corruptas e desprezadas (mesmo que constantemente usadas) pela ciência, mas ainda assim indispensáveis no cultivo da insaciável fome de verdade de um povo. Signo e carne; história e fato. Na casa em que nasci, os genitores não podiam se separar. Eles estavam, como cachorros, usando coleiras. Não é de se espantar que, para mim, natureza e cultura implodiram quando cheguei à vida adulta. E, sem sombra de dúvida, senti essa implosão com mais força ao viver relacionamentos e proferir o verbo que soa como um substantivo: espécies companheiras. Será que foi isso que João quis dizer quando disse "a Palavra se fez carne"? No fim do nono tempo, os Bears perdendo por dois pontos, com três em campo, dois fora e dois *strikes*, com o prazo de cinco minutos para enviar a matéria para o jornal?

Também cresci ligada à ciência e aprendi, na mesma época que meus seios começaram a crescer, quantas passagens subterrâneas existem conectando grandes propriedades e quantos acoplamentos mantêm juntos signo e carne, história e fato, nos palácios do conhecimento positivo, hipóteses falsificáveis e teorias sintetizantes. Como minha ciência era a biologia, aprendi cedo que buscar as causas da evolução, do desenvolvimento, da função celular, da complexidade de genomas, da criação de formas ao longo do tempo, da ecologia comportamental, dos sistemas de comunicação, da cognição – em resumo, buscar a razão de ser de qualquer coisa que mereça o nome de biologia – não era tão diferente de fazer uma matéria sobre uma partida de beisebol ou viver com os enigmas da encarnação. Para se fazer biologia com algum tipo de fidelidade, a pesquisadora ou o pesquisador *deve* contar uma história, *deve* reunir fatos e *deve* ter a disposição para se manter com fome de verdade e pronto para abandonar uma história ou um fato preferido, caso se mostrem imprecisos. Quando essa história atinge uma verdade que importa sobre a vida, o praticante precisa também ter a disposição de não abandonar seu trabalho durante seus altos e baixos, de herdar suas ressonâncias discordantes e de viver suas contradições. Não foi justamente esse tipo de fidelidade que fez florescer a biologia evolutiva e alimentou a fome visceral do meu povo por conhecimento pelos últimos 150 anos?

Etimologicamente, fatos se referem a *performances*, ações, atos realizados – em suma, feitos. Um fato é um particípio passado, uma coisa feita, finda, fixada, exibida, performada, realizada. Fatos são aqueles que cumpriram o prazo do fechamento da próxima edição do jornal. Ficção, etimologicamente, é bastante próxima, mas difere na parte do discurso e tempo verbal. Assim como os fatos, ficções se referem a ações, mas ficção é mais sobre o ato de modelar, formar, inventar, fingir e desviar. Extraída de um particípio presente, a ficção está em processo e ainda em jogo, inacabada, ainda propensa a entrar em conflito com os fatos, mas também sujeita a nos mostrar algo que ainda não sabemos ser verdade, mas que saberemos. Viver com animais, habitar suas/nossas histórias, tentar contar a verdade sobre relacionamentos, coabitar uma história ativa: esse é o trabalho de espécies companheiras, para quem "a relação" é a menor unidade possível de análise.

Assim, vivo atualmente de escrever histórias sobre cachorros. Todas trafegam em tropos – figuras de linguagem necessárias para se dizer qualquer coisa. Tropo, do grego: *trópos*, 'direção, giro', do verbo *trépo*, 'desviar ou voltar-se'. Toda língua desvia e tropeça; não existem significados diretos, apenas as pessoas dogmáticas pensam que vivemos em um mundo onde a comunicação é livre de tropos. Meu tropo favorito para contar histórias de cachorros é o "metaplasmo". Um metaplasmo é uma mudança em uma palavra, por exemplo, por adição, omissão, inversão ou transposição de letras, sílabas ou sons. O termo tem origem na palavra grega *metaplasmos*, que significa remodelar ou reformar. *Metaplasmo* é um termo genérico usado para quase qualquer tipo de alteração numa palavra, intencional ou não. Uso *metaplasmo* para falar da remodelação da carne de cachorros e humanos, da reforma dos códigos da vida na história das relações de espécies companheiras.

Compare e contraste *protoplasma*, *citoplasma*, *neoplasma* e *germoplasma*. Existe um gostinho de biologia no *metaplasmo* – exatamente o que eu gosto em palavras sobre palavras. Carne e significante, corpo e palavras, histórias e mundos estão unidos nas naturezas-culturas. Um *metaplasmo* pode significar um erro, um tropeço, um tropicão que faz uma diferença carnal. Por exemplo, uma substituição em uma linha de bases de um ácido nucleico pode ser um metaplasmo, mudando o significado de um gene e alterando o curso de uma vida. Ou a reformulação das práticas de reprodução entre criadores de cachorros, como fazer mais cruzamentos entre raças diferentes em vez de linhagens próximas, pode ser resultado de uma mudança no significado de palavras como *população* ou *diver-*

*sidade*. Inverter sentidos; transpor o corpo da comunicação; reformar, remodelar; desvios que contam a verdade: eu conto histórias sobre histórias, de ponta a ponta. Au.

Implicitamente, este manifesto vai além da relação entre cachorros e pessoas. Cachorros e pessoas figuram um universo. Evidentemente, ciborgues – com seus congelamentos históricos do maquínico e do orgânico nos códigos da informação, em que limites são mais determinados por densidades estatisticamente definidas de sinal e ruído do que por peles – se encaixam no táxon das espécies companheiras. Ou seja, ciborgues levantam todos os questionamentos necessários aos cachorros, sobre histórias, política e ética. Cuidado, florescimento, diferenças de poder, escalas de tempo são importantes para ciborgues. Por exemplo, que tipo de produção de escalas temporais é capaz de dar forma a sistemas de trabalho, estratégias de investimento e padrões de consumo de tal maneira que o tempo geracional das máquinas de informação se torne compatível com os tempos geracionais de comunidades de humanos, dos animais e plantas e dos ecossistemas? Que tipo de pá para catar cocô serve para um computador ou assistente pessoal digital? No mínimo, sabemos que não é um lixão de eletrônicos no México ou na Índia, onde catadores humanos recebem uma miséria para processar o lixo tóxico dos bem instruídos.

Arte e engenharia são práticas naturalmente irmãs para se engajar com espécies companheiras. Assim, acoplamentos humano-paisagem cabem perfeitamente nessa categoria de espécies companheiras, evocando todas as questões sobre as histórias e as relações que soldaram as almas de cachorros e seus humanos. O escultor escocês Andy Goldsworthy entende isso bem. Escalas e fluxos temporais através da carne das plantas, da terra, do mar, do gelo e das pedras consomem Goldsworthy. Para ele, a história de uma terra é viva; e essa história é composta das relações poliformes entre pessoas, animais, solo, água e rochas. Ele trabalha em escalas de cristais de gelo esculpido, entrelaçados com galhos, cones de rochas em camadas do tamanho de um homem formados nas emergentes zonas entremarés no litoral, e paredes de pedra ao longo de trechos da zona rural. Andy tem o conhecimento de um engenheiro e de um artista sobre forças como gravidade e fricção. Suas esculturas algumas vezes duram segundos, também podem durar décadas; mas a finitude e a mudança nunca são esquecidas. Processo e dissolução – e agências tanto humanas como não humanas, assim como animadas e inanimadas – são seus parceiros e materiais, não apenas seus temas.

Nos anos 1990, Goldsworthy produziu um trabalho chamado *Arch* [arco]. Acompanhado do escritor David Craig, ele seguiu uma antiga rota de pastores de ovelhas que ligava pastos escoceses a uma cidade mercantil inglesa. Fazendo fotografias ao longo do caminho, eles montavam e desmontavam um arco de arenito vermelho – que sustentava seu próprio peso em pé – em lugares que marcavam a história passada e presente de animais, pessoas e terra. As árvores e camponeses que não estavam mais lá, a história dos cercamentos e do surgimento do mercado de lã, os laços pesados que ligam Inglaterra e Escócia por séculos, as condições de possibilidade[13] do cão pastor escocês e do pastor assalariado, as ovelhas pastando e andando em direção à tosquia e ao abate – esses momentos se tornam memória no arco rochoso móvel, ligando geografia, história e história natural.

---

13 "Condição de possibilidade" é uma formulação célebre em filosofia, sobretudo após a obra de Immanuel Kant, que se refere ao enquadramento, contexto ou ambiente necessário para que alguma entidade apareça ou emerja. Difere de uma causa, pois uma condição de possibilidade não faz com que certa entidade exista, apenas é uma condição de sua existência. (N.R.T.)

No alto, imagem do Arco de Goldsworthy. Acima, inferno Border Collie. Thomas Longton, autor e praticante do pastoreio esportivo, é o condutor nessa foto.

O collie implícito no Arco de Goldsworthy tem menos a ver com "Lassie, volte para casa"[14] do que com "camponês, se mande". Essa é uma condição de possibilidade do muito po-

---

[14] Referência ao filme *Lassie Come Home*, que no Brasil ganhou o título *A força do coração*. (N.E.)

31 — O manifesto das espécies companheiras

pular programa de TV britânico sobre os brilhantes cães pastores de trabalhadores, *Border Collies of Scotland*. Moldados geneticamente pelas competições de pastoreio desde o fim do século XIX, essa raça tornou esse esporte famoso, com razão, em muitos continentes. Trata-se da mesma raça de cachorro que domina o *agility* na minha vida. É também a raça abandonada em grande número, depois resgatada por voluntários dedicados ou morta em abrigos de animais porque as pessoas que assistem a esses programas de TV famosos com esses cães talentosos querem comprar um no mercado de animais de estimação, que se infla para atender a essa demanda. Os compradores impulsivos rapidamente se veem com um cão sério que eles não são capazes de satisfazer, devido ao trabalho que o *border collie* exige. E onde está o trabalho dos pastores contratados e das ovelhas produtoras de comida e fibra nessa história? De quantas maneiras herdamos na carne a turbulenta história do capitalismo moderno?

Na arte de Goldsworthy, existe uma pergunta implícita: como viver eticamente nesses fluxos mortais e finitos que falam sobre relacionamentos heterogêneos — e não sobre "homens"? Sua arte está implacavelmente sintonizada às formas especificamente humanas de habitar terras, mas não é uma arte humanista nem naturalista. É a arte das naturezas-culturas. A relação é a menor unidade de análise e ela é inteiramente sobre alteridade significativa em todas as escalas. Essa é a ética, ou, talvez, ainda melhor, o modo de atenção com o qual devemos abordar a extensa coabitação de pessoas e cachorros.

Assim, no *Manifesto das espécies companheiras*, quero contar histórias sobre relações em alteridade significativa, por meio das quais os parceiros se tornam quem são através da carne e do signo. As histórias desgrenhadas de cachorros a seguir, que falam de evolução, amor, treinamento e tipos ou raças, me ajudam a pensar sobre viver bem junto do apanhado de espécies com quem os seres humanos emergem nesse planeta em todas as escalas de tempo, corpo e espaço. Os relatos que ofereço são mais idiossincráticos e indicativos que sistêmicos, mais tendenciosos que prudentes, e enraizados em fundamentos contingentes, não em premissas claras e distintas. A história que conto trata de cachorros, mas eles são apenas um dos jogadores no vasto mundo das espécies companheiras. As partes não constituem um todo neste manifesto – ou na vida nas naturezas-culturas. Em vez disso, procuro pelas "conexões parciais" de Marilyn Strathern, que tratam de geometrias contraintuitivas e traduções incongruentes necessárias para seguirmos juntos, onde os truques divinos da autoconfiança e da comunhão imortal não são opções.

## II — Histórias de evolução

Todo mundo que eu conheço gosta de histórias sobre a origem dos cachorros. Cheias de significados para seus ávidos consumidores, essas narrativas são matéria de misturas de romances inebriantes e ciência séria. Histórias de migrações e trocas humanas, a natureza da tecnologia, os significados de selvagem e a relação entre colonizadores e colonizados estão infundidas nessas narrativas. Deixo para relatórios científicos sérios assuntos como: entender se meu cachorro me ama ou não, desvendar escalas de inteligência entre animais e entre animais e humanos e decidir se os humanos são os mestres da relação ou se estão sendo enganados. Avaliar a decadência ou a progressão das raças, julgar se o comportamento canino é genético ou vem da criação, escolher entre as reivindicações de anatomistas e arqueólogos antiquados ou os novos gênios da ciência molecular, estabelecer uma origem no Novo ou no Velho Mundo, considerar os ancestrais caninos como nobres lobos caçadores que ainda existem em espécies modernas em extinção ou traçar esse passado a partir de vira-latas que seriam hoje qualquer cachorro do bairro, procurar uma ou muitas Evas caninas que tenham sobrevivido em seu DNA mitocondrial ou, talvez, um Adão canino que tenha deixado algum legado em seu cromossomo Y – todas essas, e outras, são preocupações em jogo hoje.

No dia que escrevi esta seção do manifesto, os maiores canais de notícia, da PBS à CNN, produziram matérias sobre três artigos presentes em um volume da revista *Science* sobre a evolução dos cachorros e a história da domesticação. Em poucos minutos, diversas listas de *e-mails* da cachorrolândia estavam cheias de discussões sobre as implicações dessas pesquisas. *Links* de *sites* atravessaram continentes, levando as notícias para o mundo ciborgue, enquanto os menos instruídos acompanhavam a história pelos jornais diários de Nova York, Tóquio, Paris ou Joanesburgo. O que está acontecendo nesse consumo fértil de histórias científicas sobre origem e como esses relatos podem me ajudar a entender a relação estabelecida entre espécies companheiras?

A disputa entre explicações sobre a evolução de primatas, especialmente hominídeos, talvez seja a mais reconhecida rinha de galo da ciência contemporânea; mas o campo da evolução canina não fica atrás, com suas brigas entre cientistas humanos e escritores populares. Não existe relato sobre o surgimento dos cachorros na Terra que não seja questionado, e nenhum deles deixa de ser apropriado por partidários de diferentes teorias. Em ambos os universos caninos, popular e profissional, duas coisas estão em jogo: (1) a relação entre o que conta como natureza e o que conta como cultura no discurso ocidental e seus primos, e (2) a questão, relacionada à primeira, de quem e o que conta como um ator. Essas coisas são importantes para ações políticas, éticas e emocionais dentro da tecnocultura. Enquanto partidária das histórias evolutivas sobre os cachorros, busco maneiras de chegar à coevolução e coconstituição sem retirar dessas narrativas suas brutalidades e belezas multiformes.

Dizem que os cachorros foram os primeiros animais domésticos, desbancando os porcos. Humanistas tecnofílicos retratam a domesticação como o ato paradigmático masculino e uniparental de autonascimento, por meio do qual o homem repetidamente se faz à medida que inventa (cria) suas ferramentas. O animal doméstico é uma ferramenta que serve como ponto de virada histórico, realizando na carne a intenção humana, em uma versão, em forma de cachorro, do onanismo.[15] O homem pego o lobo (livre) e o transformou em um cachorro (servo), tornando, assim, a civilização possível. Hegel e Freud foram viralatizados no canil? O cachorro representa qualquer espécie de planta ou animal doméstico, subjugada às intenções humanas nas histórias de um crescente progresso – ou destruição, como preferirem. Aqueles que seguem a linha da ecologia profunda adoram acreditar nessas histórias apenas para repudiá-las em nome do selvagem que precedeu a Queda[16] na cultura; assim como humanistas acreditam nelas para salvaguardar a cultura de invasões biológicas.

Esses relatos convencionais têm sido atualmente retrabalhados de maneira cuidadosa, num momento em que "tudo distribuído"[17] dá as cartas do jogo por toda parte, inclusive no canil. Apesar de saber que são modismos, gosto das versões metaplasmáticas e remodeladas que dão aos cachorros (e outras espécies) a dianteira no processo de domesticação e, logo em seguida, coreografam uma interminável dança de agências distribuídas e heterogêneas. Fora serem modismos, as histórias mais recentes, acredito eu, têm mais chances de ser verdade e, certamente, têm mais chances de nos ensinar a prestar atenção à alteridade significativa como mais do que um simples reflexo de intenções individuais.

15 Haraway se refere à masturbação considerando que a trajetória evolutiva dos cães – e de outros animais ditos domesticados – é pensada com frequência como parte da autorrealização humana. (N.R.T.)

16 Ao longo do texto, Haraway utiliza algumas vezes a palavra Queda, remetendo à narrativa bíblica da Queda do paraíso. Ela traça um paralelo entre imaginários edênicos e um dos aspectos da oposição entre natural e cultural que atravessa a modernidade. (N.R.T.)

17 Haraway se refere aqui à proliferação de áreas de pesquisa e conceitos fazendo uso da ideia de distribuição: agência distribuída, cognição distribuída etc. (N.R.T.)

Investigações do DNA mitocondrial canino como relógios moleculares indicaram o surgimento de cachorros num período anterior ao que se imaginava ser possível. Numa pesquisa realizada em 1997, no laboratório de Carles Vilà e Robert Wayne [na Universidade da Califórnia, Los Angeles, UCLA], os cientistas defenderam a divergência entre cachorros e lobos há aproximadamente 150 mil anos – ou seja, no momento da origem do *Homo sapiens*. Essa data, sem nenhum respaldo em evidência fóssil ou arqueológica, é apontada em outras pesquisas de DNA como sendo de 50 a 15 mil anos atrás. Esta é a versão favorecida pela comunidade científica, pois ela permite sintetizar todos os tipos de evidências disponíveis. Nesse caso, parece que os cachorros surgiram primeiro em algum lugar do leste asiático, em um consideravelmente curto espaço de tempo e em meio a uma série concentrada de eventos, e depois se espalharam por todo globo terrestre, indo aonde foram os humanos.

Muitos cientistas sugerem que a versão mais provável desse processo é a de que esses cachorros aspirantes a lobos se aproximaram primeiramente de humanos para se aproveitar da fartura calórica de suas sobras. Devido às atitudes oportunistas, esses primeiros cachorros teriam se adaptado, por seu comportamento e, no final das contas geneticamente, para uma tolerância reduzida em lidar com grandes distâncias, um instinto de fuga menos sensível, um tempo de desenvolvimento de filhotes com maiores oportunidades para socializações interespecíficas e uma capacidade de ocupar com mais confiança o mesmo território dos perigosos humanos. Estudos sobre as raposas russas, selecionadas ao longo de muitas gerações buscando tornar a raça mansa, mostram muitos traços comportamentais e morfológicos associados à domesticação. Elas podem ser um modelo do surgimento de certo tipo de proto-"cachorro de vila", geneticamente próximo aos lobos, assim como o são os cachorros de hoje, mas diferente em comportamento, sendo mais receptivo às tentativas humanas de aprofundamento do processo de domesticação. Tanto pelo controle deliberado da reprodução dos cachorros (por exemplo, matando filhotes indesejados ou escolhendo quais cadelas alimentar e quais não alimentar), quanto por consequências não intencionais, mas ainda assim potentes, humanos podem ter contribuído para moldar os vários tipos de cachorros que apareceram nos primórdios da história. Os modos de vida humanos foram transformados consideravelmente pela sua associação com cachorros. Flexibilidade e oportunismo dão as cartas do jogo para ambas as espécies, que se moldam uma à outra ao longo da sua continuada história de coevolução.

Pesquisadores usam versões dessa história para questionar divisões fortes entre natureza e cultura, produzindo um discurso mais prolífico na tecnocultura. Darcy Morey, paleobiólogo e arqueólogo canino, acredita que a distinção entre seleção artificial e seleção natural é vazia, porque, ao fim, é uma história sobre reprodução diferencial.[18] Morey diminui a importância das intenções e coloca a ecologia comportamental em primeiro plano. Ed Russell, historiador ambiental, historiador da tecnologia e pesquisador dos estudos da ciência, sugere que a evolução das raças caninas é um capítulo que faz parte da história da biotecnologia. Ele dá ênfase às agências humanas e considera todo organismo uma tecnologia construída, de tal maneira que os cachorros mantêm sua capaci-

---

18 Reprodução diferencial, no contexto da seleção natural, diz respeito às diferentes taxas de reprodução de variedades de uma mesma espécie. Essa diferença em reprodução decorre da melhor ou pior adaptação ao ambiente de cada variedade. Ao longo do tempo, isso tem efeitos transformadores na espécie. (N.R.T.)

dade de agir e a coevolução continuada das culturas humanas e dos cachorros permanece em primeiro plano. O jornalista científico Stephen Budiansky diz que a domesticação em geral, incluindo a domesticação de cachorros, é uma estratégia evolutiva bem-sucedida que beneficia os seres humanos e suas espécies associadas. Os exemplos são vários.

Esses relatos, quando reunidos, nos levam a repensar os significados da domesticação e da coevolução. A domesticação é um processo emergente de coabitação que envolve agências de muitos tipos e histórias que não se prestam a ser mais uma versão da Queda ou um resultado óbvio para alguém. Coabitar não é sinônimo de fofura e sentimentalismo. Espécies companheiras não são camaradas prontos para discussões anarquistas do início do século XX no Greenwich Village. O relacionamento é multiforme, perigoso, não terminado, permeado de consequências.

A coevolução precisa ser definida de maneira mais ampla que as definições geralmente fornecidas pelos biólogos. Certamente, a adaptação mútua de morfologias visíveis, como a estrutura sexual das flores e os órgãos de seus insetos polinizadores, é coevolução. No entanto, é um erro considerar as alterações nos corpos e nas mentes dos cachorros como uma mudança biológica e as alterações nos corpos e nas vidas humanas – por exemplo, na emergência de sociedades que se organizam a partir de práticas pecuárias ou agricultoras – como mudanças culturais, apagando o caráter coevolutivo desses processos. Suspeito que o genoma humano, no mínimo, contenha um considerável registro molecular dos patógenos de suas espécies companheiras, inclusive dos cachorros. Os sistemas imunológicos não são um aspecto menos importante das naturezas-culturas; eles definem onde os organismos, as pessoas inclusive, podem viver e com quem. A história da gripe é inconcebível sem o conceito da coevolução dos humanos, porcos, galinhas e vírus. Mas a história biossocial não deve se resumir a doenças. Alguns comentaristas pensam que mesmo algo tão fundamental quanto a hipertrofiada capacidade biológica humana da fala surgiu como consequência dos cachorros associados se tornarem responsáveis por detectar cheiros e sons, disponibilizando rostos, gargantas e cérebros humanos para a conversa. Não estou convencida dessa ideia; mas com certeza quando reduzimos nossa reação de fuga ou luta em relação a naturezas-culturas emergentes e paramos de ver apenas reducionismos biológicos e singularidades culturais, enxergamos tanto pessoas quanto animais com outros olhos.

Estou animada com ideias recentes da biologia ecológica do desenvolvimento,[19] ou "eco-devo", nos termos do biólogo do desenvolvimento e historiador da ciência, Scott Gilbert. Gatilhos de desenvolvimento e o tempo são objetos-chave para essa jovem ciência que surge graças a novas técnicas moleculares e a recursos discursivos vindos de muitas disciplinas. A regra é a plasticidade[20] diferencial e específica do contexto, algumas vezes geneticamente assimilada, outras não. A maneira como os organismos integram as informações ambientais e genéticas em todos os níveis, do muito pequeno ao muito grande, determina o que eles se tornam. Não existe um tempo

19 Biologia ecológica do desenvolvimento, ou "ecological developmental biology" em inglês, é uma abordagem sobre o desenvolvimento das espécies que enfatiza aspectos do meio ambiente, do clima, do ecossistema e da interação entre espécies. (N.R.T.)

20 No contexto da biologia ecológica do desenvolvimento, plasticidade, ou plasticidade do desenvolvimento, diz respeito aos distintos fenótipos que um genótipo pode produzir, dependendo do ambiente em que uma certa espécie se desenvolve. Assim, a plasticidade pode ter um caráter diferencial e adaptativo. (N.R.T.)

ou lugar onde a genética termina e o ambiente começa, e o determinismo genético é, no máximo, uma palavra local que significa plasticidades limitadas da ecologia do desenvolvimento. O mundo é grande, vasto e cheio de vida assertiva. Por exemplo, Margaret McFall-Ngai nos mostra que os órgãos sensíveis à luz da lula *Euprymna scolopes* só se desenvolvem propriamente se, quando embrião, essa lula receber uma colônia da bactéria luminescente do tipo *Vibrio*. De modo similar, o tecido do intestino humano não se desenvolve normalmente sem colonização de sua flora de bactérias. A diversidade de formas animais na Terra emergiu na sopa bacteriana salgada do oceano. Em todos os estágios de suas histórias de vida, os animais em evolução tiveram que se adaptar à colonização ávida de bactérias do interior e exterior de seus corpos. Os padrões de desenvolvimento de formas de vida complexas tendem a exibir a história dessas adaptações, uma vez que cientistas aprenderam a buscar as evidências. Os seres da Terra são preensíveis, oportunistas, prontos para misturar parceiros improváveis em um algo novo, algo simbiogenético. Espécies companheiras coconstitutivas e a coevolução são a regra, não a exceção. Esses argumentos são trópicos para o meu manifesto, mas carne e figura não estão distantes uma da outra. São os tropos que nos fazem querer ver e precisar ouvir, buscando surpresas que nos tirem das caixinhas que herdamos.

# III — Histórias de amor

Comumente, nos Estados Unidos, atribui-se aos cachorros a capacidade de "amar incondicionalmente". De acordo com essa crença, as pessoas, cansadas da falta de reconhecimento, da contradição e complexidade que existem em suas relações com outros humanos, encontram consolo no amor incondicional de seus cachorros. Em troca, essas pessoas amam seus cachorros como filhos. Na minha opinião, ambas as crenças não são apenas baseadas em equívocos, ou até mentiras, mas são também abusivas, com cachorros e com humanos. Uma mirada superficial nos mostra que cachorros e humanos sempre tiveram um vasto repertório de modos de se relacionar. Mas mesmo entre as pessoas que têm animais de estimação, inseridas na cultura consumista contemporânea, ou talvez especialmente entre essas pessoas, a crença no "amor incondicional" é perniciosa. Se a ideia de que o homem produz a si mesmo manifestando suas intenções em suas ferramentas – como animais domésticos (cachorros) e computadores (ciborgues) – é evidência de uma neurose que chamo de narcisismo humanista tecnofílico, então a ideia superficialmente oposta de que os cachorros restauram as almas humanas com seu amor incondicional só pode ser a neurose do narcisismo caninofílico. Como acredito ser precioso o amor entre cachorros e humanos historicamente situados, é importante divergir do discurso do amor incondicional.

A obra peculiar de J. R. Ackerley, *My Dog Tulip* (impresso autonomamente pela primeira vez na Inglaterra no ano de 1956), sobre o relacionamento entre o escritor e sua cadela "alsaciana" nos anos 1940 e 1950, me oferece um caminho para pensar minhas discordâncias. O enredo aparece na visão periférica do leitor desde o começo dessa grande história de amor. Depois de duas guerras mundiais, em um desses exemplos mesquinhos de negação e substituição que nos permite seguir com nossas vidas, um pastor-alemão na Inglaterra era chamado de alsaciano. Tulip (Queenie, na vida real) era o grande amor da vida de Ackerley. Importante romancista, notoriamente homossexual e um escritor esplêndido, Ackerley honrou esse amor desde o começo da relação, reconhecendo sua tarefa impossível: primeiro, de alguma forma, aprender o que *essa* cadela precisava e desejava e, depois, mover céus e terras para garantir que ela tivesse suas necessidades e desejos atendidos.

Ackerley não tinha em Tulip, que foi resgatada de sua primeira casa, seu objeto de amor ideal. Ele também desconfiava não ser a ideia dela de parceiro romântico. A saga que se seguiu não era sobre amor incondicional, mas sobre procurar habitar um mundo intersubjetivo, onde um se encontra com o outro, tendo presentes todos os detalhes carnais de um relacionamento mortal. Barbara Smuts, a bioantropóloga comportamental que corajosamente escreve sobre intersubjetividade e amizade com e entre animais, aprovaria. Sem ser um biólogo comportamental, mas atento à sexologia de sua cultura, Ackerley, de maneira cômica e comovente, vai em busca de um parceiro sexual adequado para Tulip durante seus períodos de cio.

A feminista ambiental holandesa Barbara Noske, que também chama nossa atenção para o escândalo do "complexo animal-industrial" de produção de carne, sugere que pensemos sobre os animais como "outros mundos", no sentido da ficção científica. Em sua inabalável dedicação à alteridade significativa de sua cadela, Ackerley teria entendido essa ideia. Tulip era importante para ele, e isso provocou uma mudança em ambos. Ele também era importante para ela, de formas que só poderiam ser lidas com a propriedade cambaleante de qualquer prática semiótica, linguística ou não. Os desentendimentos eram tão relevantes quanto os efêmeros momentos em que ambos se entendiam. A história de Ackerley é cheia de detalhes carnais e significativos de um amor mundano e presencial. Ser objeto do amor incondicional de alguém é uma fantasia neurótica raramente desculpável; esforçar-se para realizar as confusas condições de se estar apaixonado é outra questão. A busca permanente pelo conhecimento mais profundo do outro que é seu íntimo e os inevitáveis erros tragicômicos que acompanham essa missão despertam meu respeito, seja esse outro um animal, um ser humano ou mesmo um ser inanimado. O relacionamento de Ackerley com Tulip conquistou o direito de ser chamado de amor.

Eu me beneficiei da orientação de diversas pessoas ligadas uma vida inteira aos cachorros. Essas pessoas usam a palavra *amor* com moderação porque elas desprezam a forma como os cachorros geralmente são tratados como seres dependentes, peludos, carinhosos e infantilizados. Por exemplo, Linda Weisser, criadora há mais de trinta anos de cães de montanha dos Pireneus que trabalham como guardiões de gado, é uma ativista da saúde da raça e leciona sobre o cuidado, comportamento, história e bem-estar desses cachorros. Seu senso de responsabilidade para com eles e as pessoas que os têm é impressionante. Weisser enfatiza uma ideia de amor a um *tipo* de cachorro, a uma raça, e fala sobre o que precisa ser feito para se cuidar desses cachorros de maneira integral – não apenas cuidar do seu próprio cachorro. Sem pensar duas vezes, ela recomenda que um cachorro resgatado agressivo ou qualquer cachorro que tenha mordido uma criança seja morto; essa atitude poderia salvar a reputação da raça e a vida de outros cachorros, além das próprias crianças. O "cachorro integral", para ela, é tanto um tipo quanto um indivíduo. Esse amor guia Linda e outros, a partir de seus modestos meios de classe média, para uma autoeducação científica e médica, para a ação pública, a mentoria e grandes comprometimentos de tempo e recursos.

Linda Weisser também fala sobre o "cachorro de seu coração" – uma cadela que viveu com ela há muitos anos e que ainda mexe com seus sentimentos. Ela escreve com um lirismo ácido sobre a cadela que vive com ela atualmente e que chegou em sua casa com 18 meses de idade e rosnou por três dias, mas que agora aceita biscoitos da mão de sua neta de 9 anos, deixa a criança pegar sua comida e brinquedos e comanda com tolerância as cadelas mais novas da casa. "Meu amor por essa cadela não pode ser descrito em palavras. Ela é uma alfa esperta e orgulhosa, e se um rosnado aqui e ali é o preço que eu pago para tê-la comigo, tudo bem".[21] É evidente que Weisser aprecia esses sentimentos e relacionamentos. De imediato, insiste que, em sua raiz, o seu amor é constituído do "profundo prazer, até alegria, de dividir a vida com um ser diferente, cujos pensamentos, sentimentos, reações e possivelmente necessidades de sobrevivência são diferentes dos nossos. E, de alguma forma, para que todas as espécies nesse 'bando' vinguem, precisamos aprender a entender e respeitar essas coisas."[22]

Ver um cachorro como uma criança peluda, mesmo que metaforicamente, rebaixa cachorros e crianças – e faz com que crianças sejam mordidas e cachorros, abatidos. Em 2001, Weisser tinha onze cachorros e cinco gatos em sua casa. Durante toda sua vida adulta, ela teve, criou e competiu com cachorros; e criou três filhos humanos e teve uma agitada vida civil e política como uma feminista sutilmente de esquerda.

21 Great Pyrenees Discussion List, 29 dez. 2002.
22 Great Pyrenees Discussion List, 14 nov. 2001.

Ter uma linguagem humana em comum com seus filhos, amigos e companheiros é insubstituível. "Ainda que meus cachorros me amem (eu acho), nunca tive uma conversa política interessante com nenhum deles. Por outro lado, apesar de meus filhos serem capazes de falar, eles não têm uma sensibilidade 'animal' que me permite entrar em contato, ainda que brevemente, com o 'ser' de outra espécie, profundamente diferente da minha, com toda sua realidade imponente."[23]

O amor pelos cachorros da maneira que Weisser apresenta não é incompatível com relacionamentos com um animal de estimação; relações com esses animais podem e normalmente cultivam esse tipo de amor. Ser um animal de estimação parece ser um emprego exigente para um cachorro, já que requer autocontrole e habilidades emocionais e cognitivas comparáveis às de cachorros trabalhadores. Muitos animais de estimação e pessoas que os têm merecem respeito. Ainda, brincadeiras entre humanos e animais de estimação, bem como apenas passar um tempo juntos sem fazer nada, são experiências que trazem alegria para todos os envolvidos nessa troca. Certamente, esse é um importante significado de espécie companheira. Entretanto, o *status* de animal de estimação, em sociedades como a que vivo, coloca o cachorro em um risco singular; o risco de ser abandonado quando a afeição humana diminui, quando o que é conveniente para as pessoas passa a ser mais importante ou quando o cachorro não corresponde à fantasia do amor incondicional.

Muitas das pessoas que conheci durante minha pesquisa e que levam a sério ter cachorros enfatizam a importância, para os animais, de trabalhos que os deixem menos vulneráveis aos caprichos consumistas humanos. Weisser conhece muitos fazendeiros cujos cães guardiões são respeitados pelo trabalho

23 Idem.

que fazem. Alguns são amados, outros não, mas seus valores não dependem de uma economia afetiva. E, principalmente, o valor dos cachorros, e de suas vidas, não depende de um humano achar que os cachorros o amam. O cachorro deve fazer seu trabalho, e, como Weisser diz, o resto é lucro.

Marco Harding e Willem de Kooning, cão de montanha dos Pirineus de estimação de Susan Caudill, criado e compartilhado com Linda Weisser. Foto tirada pela autora.

Donald McCaig, que escreve sobre *border collies* e participa de competições com pastoreio, concorda. Seus romances *Nop's Hope* e *Nop's Trial* são uma excelente introdução a relacionamentos potentes entre cães pastores trabalhadores e seus humanos. McCaig afirma que os cães pastores trabalhadores, enquanto categoria, ficam "em algum lugar entre 'animal de criação' e 'colega de trabalho'".[24] Uma consequência desse *status* é que a capacidade de julgamento do cachorro no trabalho pode, algumas vezes, ser melhor que a do humano. Respeito e confiança, não amor, são os requisitos fundamentais para uma boa relação de trabalho entre esses cachorros e humanos. A vida do cachorro depende mais de suas habilidades – e de uma economia rural que não colapse – do que de uma fantasia problemática.

Com seu entusiasmo em destacar a necessidade de criar, treinar e trabalhar para conservar as preciosas habilidades de pastoreio da raça que ele melhor conhece e de que mais gosta, acredito que McCaig, por vezes, desvalorize e descreva incorretamente relacionamentos de estimação e esportivos na cachorrolândia. Também suspeito que suas trocas com seus cachorros poderiam ser propriamente chamadas de *amor* se essa palavra não tivesse sido tão corrompida por nosso hábito cultural de infantilizar cachorros e nos recusarmos a honrar nossas diferenças com eles. As naturezas-culturas caninas precisam dessa insistência sobre o cachorro funcional, preservado apenas por suas práticas de trabalho deliberadas, incluindo procriação e trabalhos economicamente viáveis. Nós precisamos do conhecimento de Weisser e McCaig sobre o trabalho de um tipo de cachorro, sobre o cachorro integral e as especificidades dos cachorros. De outro modo, o amor mata, incondicionalmente, tipos e indivíduos.

24 Canine Genetics Discussion List, 30 nov. 2000.

## IV — Histórias de adestramento
A partir de "Notas da filha de um jornalista esportivo"

Marco, meu afilhado, é afilhado de Cayenne; ela é sua madrinha canina. Nós somos um grupo de parentesco fictício em adestramento. Talvez o brasão da nossa família assuma o lema da revista canina de literatura, política e arte de Berkeley, que é inspirada no *Barb*; ou seja, o *Bark*,[25] cujo cabeçalho diz "o cachorro é meu copiloto". Quando Cayenne tinha 12 semanas e Marco, 6 anos, eu e meu marido, Rusten, demos a ele aulas de adestramento como presente de natal. Com Cayenne no carro, em sua caixa de transporte, eu pegava Marco na saída da escola às terças-feiras, íamos até o Burger King para fazermos um jantar ecossustentável e saudável – hambúrgueres, coca-cola e batata frita – e depois íamos para a Santa Cruz SPCA[26] para as aulas. Como muitas de sua raça, Cayenne era uma jovem esperta e bem-disposta; tinha talento para jogos de obediência. Como muitos de sua geração, criados com efeitos especiais de velocidade e brinquedos ciborgue automatizados, Marco era um adestrador brilhante e motivado; tinha talento para os jogos de controle.

Cayenne aprendeu rápido os comandos e prontamente colocava a bunda no chão em resposta à palavra "senta". Além disso, ela praticava comigo em casa. No começo, Marco, fascinado, tratava Cayenne como um carrinho de controle remoto, do qual ele tinha o controle. Ele apertava um botão imaginário;

---

25 O *Berkeley Barb* era um jornal de contracultura semanal sediado em Berkeley, na Califórnia, que existiu entre 1965 e 1980. A revista *The Bark* (em inglês, o latido) foi fundada em 1997, também em Berkeley. (N.R.T.)

26 Society for the Prevention of Cruelty to Animals [Sociedade de Prevenção de Crueldade contra Animais]. (N.R.T.)

seu filhote magicamente realizava as intenções de seu desejo remoto onipotente. Deus ameaçava se tornar nosso copiloto. Eu, uma adulta obsessiva que cresceu nas comunas do final dos anos 1960, estava comprometida com ideais de intersubjetividade e mutualidade em todas as coisas, inclusive, é claro, no adestramento do cachorro e do menino. A ilusão de uma atenção mútua e certa comunicação era melhor que nada, mas eu queria mais. Além disso, nesse caso, eu era a única adulta, de ambas as espécies, presente. Intersubjetividade não quer dizer "igualdade", um jogo literalmente mortal na cachorrolândia; ela quer dizer, sim, prestar atenção à dança conjunta de alteridade significativa cara a cara. Além disso, controladora que sou, era eu quem mandava, pelo menos nas noites de terça.

Ao mesmo tempo, Marco fazia aulas de caratê e estava profundamente apaixonado por seu mestre. Esse homem bom entendia o amor das crianças por teatralidade, rituais e vestimentas, bem como a disciplina mental-espiritual-corporal de sua arte marcial. *Respeito* era a palavra e a ação que Marco, em êxtase, me contava ser o pilar de suas aulas. Ele ficava em êxtase na hora de colocar seu pequeno corpo, vestido com quimono, na postura prescrita e curvar-se formalmente diante de seu mestre ou seus parceiros antes de executar um *kata*.[27] Acalmar sua juventude e agitação e olhar nos olhos de seu professor ou parceiro em preparação para a exigente ação estilizada que viria a seguir o emocionava. E poderia eu deixar passar uma oportunidade dessas na minha busca pelo florescimento de espécies companheiras?

"Marco", eu disse, "Cayenne não é um carro ciborgue; ela é sua parceira em uma arte marcial chamada obediência. Você

---

[27] No caratê, o *kata* é uma sequência de movimentos de ataque e defesa que simulam uma luta; com a sua prática, adquire-se um conhecimento mais profundo da arte e uma experiência de luta. (N.T.)

é o parceiro mais velho e o mestre. Você aprendeu como performar o respeito com seu corpo e seus olhos. Seu trabalho é ensinar um *kata* para Cayenne. Você não pode deixar que ela execute o movimento 'senta', antes de ensiná-la a colocar sua agitação de filhote em um estado de calma, a esperar, e a te olhar nos olhos". Não era suficiente que ela sentasse ao ouvir o comando e que ele apenas fizesse clique e a recompensasse.[28] Isso era necessário, certamente, mas a ordem estava errada. Primeiro, esses dois jovens tinham que aprender a perceber um ao outro. Eles tinham que estar no mesmo jogo. Acredito que Marco começou a se transformar num adestrador nos seis meses que se seguiram. Também acredito que à medida que ele aprendeu a mostrar para ela a postura corporal do respeito interespecífico, ela e ele se tornaram outros significativos mútuos.

Dois anos depois, olhando pela janela da cozinha, vi Marco no quintal treinando *slalom* – corrida em zigue-zague entre doze barras de plástico – com Cayenne, sem ninguém por perto. O *slalom* é um dos mais difíceis obstáculos do *agility*, tanto para ensinar quanto para realizar. Acredito que a rapidez e a beleza na execução dessa corrida com barras, por Cayenne e Marco, fizeram jus aos ensinamentos do seu mestre de caratê.

— Servidão positiva

Em 2002, a renomada competidora de *agility* e professora Susan Garrett escreveu um panfleto de treinamento, amplamente

---

28 "Click and treat" (em tradução literal, clicar e recompensar) é um método de adestramento que se utiliza de um aparelho chamado "clicker", em uma dinâmica que envolve cliques para dar comandos e entrega de recompensas quando esses comandos são devidamente seguidos pelo animal. (N.T.)

aclamado, chamado *Ruff Love*,[29] publicado por uma empresa voltada para cachorros praticantes de *agility*, a Clean Run Productions. Baseada na teoria de aprendizado behaviorista e em métodos populares de adestramento positivo que proliferaram na cachorrolândia nos últimos vinte anos, o livreto serve de instrução para qualquer pessoa que queira uma relação de adestramento mais próxima e mais responsiva com seu cachorro. Problemas como um cachorro não atender quando é chamado ou ter um comportamento agressivo inapropriado são abordados, mas o foco de Garrett é inculcar atitudes baseadas em pesquisas biocomportamentais e colocar ferramentas de trabalho eficientes nas mãos dos seus estudantes de *agility*. Seu objetivo é mostrar como criar um relacionamento de atenção energética que seria recompensador para os cachorros e para os humanos. Um entusiasmo não opcional, espontâneo e orientado deve ser a conquista do que antes era o cachorro mais indulgente e distraído. Acredito fortemente que Marco tenha sido objeto de uma pedagogia similar em sua escola primária progressista. A princípio, as regras são simples; na prática, são astuciosamente exigentes: aponte o comportamento desejado com um sinal instantâneo e depois dê uma recompensa dentro da janela de tempo apropriada para a espécie em questão. O mantra do popular adestramento positivo, "clicar e recompensar", é só a ponta de um enorme *iceberg* pós-"disciplinar e punir".[30]

---

29 "Ruff" é uma forma popular e alternativa de se escrever "rough", que significa áspero, bruto, difícil. "Ruff" é também uma onomatopeia para o latido de um cachorro. O nome do livro, e a reaparição dessa expressão (amor bruto) no texto deste manifesto, envolve um jogo de palavras com esses dois significados possíveis. (N.T.)

30 A expressão faz uma brincadeira com a tradução em inglês de *Surveiller et punir* [Vigiar e punir] de Foucault, *Discipline and punish*. (N.R.T.)

Enfaticamente, como vemos em um quadrinho na parte de trás do folheto de Garrett, *positivo* não significa permissivo. Na verdade, nunca li um manual de treinamento de cachorros mais comprometido com um controle quase total na tentativa de realizar as intenções humanas – nesse caso, desempenho máximo em um esporte biespecífico, competitivo e exigente. Esse tipo de *performance* só pode vir de um time altamente motivado, que não esteja trabalhando compulsoriamente, em que os membros conheçam a energia do outro e confiem na honestidade e coerência das posturas direcionais e dos movimentos responsivos.

O método de Garrett é exigente, do ponto de vista filosófico e prático. O parceiro humano precisa se colocar de tal forma que o cachorro veja esse bípede desajeitado como a fonte de tudo que é bom. Qualquer outra forma de o cachorro conseguir recompensas deve ser eliminada até onde for possível durante o tempo do programa de treinamento – normalmente alguns meses. Os românticos podem hesitar diante de exigências como a de manter seu cachorro preso em algum lugar ou à própria pessoa por uma coleira folgada. Também ficam proibidos para o cão os prazeres de brincar com outros cachorros, correr atrás de um esquilo provocativo ou deitar no sofá – a não ser que tais prazeres sejam concedidos após uma demonstração de autocontrole e capacidade de resposta eficiente aos comandos humanos a um índice de quase 100%. O humano deve manter relatórios detalhados da *real* taxa de respostas corretas do cachorro para cada tarefa, em vez de contar histórias sobre os níveis de genialidade que seu cachorro com certeza alcançou. Um humano desonesto está a perigo no mundo do amor bruto.

Existe uma vastidão de compensações possíveis para os cachorros. Onde mais um cachorro poderia contar com inúmeras sessões de treinamento por dia, cada uma elaborada para que ele não cometa erros e em troca seja recompensado rapidamente com petiscos, brinquedos e liberdades, tudo cuidadosamente calibrado para incitar e manter aquele pupilo individual com uma motivação elevada? Onde mais na cachorrolândia adestramentos resultam em um cachorro que aprendeu a aprender e que avidamente oferece novos "comportamentos" que talvez sejam incorporados em rotinas de esporte ou de vida, em vez de morosamente cumprir (ou não) compulsões pouco compreendidas? Garrett recomenda que o humano liste cuidadosamente o que o cachorro realmente gosta; e ela instrui as pessoas a jogar com seus companheiros de uma maneira que *os cachorros* se divirtam, em vez de limitá-los a jogadas mecânicas de bolas ou a uma exuberância exagerada e intimidadora. Além disso tudo, o humano *deve* realmente gostar de jogar o mesmo tipo de jogo que seu cachorro, ou ele será descoberto. Todo jogo, segundo o livro de Garrett, deve ser direcionado para a construção do sucesso de acordo com os objetivos humanos, mas se ele não for envolvente para o cachorro, ele é um jogo inútil.

Em resumo, o que mais se requer do humano é precisamente o que a maioria de nós nem imagina que não sabe como fazer – isto é, como enxergar quem são os cachorros e como ouvir o que eles estão nos dizendo, não de maneira abstrata e fria, mas com o estabelecimento de uma relação cara a cara, de uma alteridade conectada.

Não há espaço para romantismo a respeito do coração selvagem do cachorro ou ilusões de igualdade social na classe dos mamíferos na prática e pedagogia de Garrett; mas existe muito espaço para atenção disciplinada e conquistas honestas. Violências psicológicas ou físicas não têm lugar no seu programa de adestramento; as tecnologias de gerenciamento comportamental são protagonistas. Presto atenção a Garrett especialmente por ter cometido suficientes erros bem-intencionados durante os processos de adestramento dos meus cachorros – alguns dolorosos para eles, alguns perigosos para pessoas e outros cães, além de inúteis para obter sucesso no *agility*. Quando cientificamente informadas, práticas empiricamente fundamentadas são importantes; e aprender teoria não é inútil, ainda que seja um discurso muito limitado e um instrumento que precise de refinamento. Entretanto, enquanto crítica cultural, sou incapaz de acatar as estrondosas ideologias do amor bruto nos Estados Unidos, marcado pela alta pressão, pelo foco no sucesso e individualismo. Os princípios tayloristas do século XX de gerenciamento científico e as ciências de gestão de pessoal do mundo empresarial estadunidense encontraram uma gaiola segura no campo pós-moderno do *agility*. Enquanto historiadora da ciência não consigo ignorar como certos métodos e a perícia presentes no discurso do adestramento positivo são inflados, historicamente descontextualizados e excessivamente generalizados.

Ainda assim, empresto minha cópia bem usada de *Ruff Love* para alguns amigos, e tenho em meu bolso meu *clicker* e petiscos de fígado. Mais ainda, Garrett faz com que eu admita a incrível capacidade das pessoas que têm cachorros, como eu, de mentirem para si mesmas sobre as fantasias conflitantes que projetam em seus cães durante um adestramento inconsistente e avaliações desonestas do que está realmente acontecendo. Sua pedagogia de servidão positiva torna possível *para os cachorros* um tipo de liberdade séria e historicamente específica; a liberdade de viver em segurança em ambientes multiespécie, urbanos e suburbanos, com pouca restrição física e nenhuma punição corporal, podendo praticar um esporte exigente cheio de evidências de uma motivação própria. Na cachorrolândia, estou aprendendo o que meus professores da faculdade queriam dizer em seus seminários sobre liberdade e autoridade. Acredito que meus cachorros preferem um amor bruto. Marco é mais cético.

— Beleza severa

Vicki Hearne – famosa adestradora de animais de companhia, amante de cães malvistos, como os *american staffordshire terriers* e *airedales*, e filósofa da linguagem – é, à primeira vista, o oposto de Susan Garrett. Hearne, que morreu em 2001, segue sendo um espinho afiado na pata daqueles que aderem a métodos de adestramento positivo. Muitos adestradores profissionais e pessoas comuns que têm cachorros, inclusive eu, passaram por uma conversão quase religiosa, do estilo militar dos métodos de adestramento de cães de Koehler – que não é lembrado com carinho por suas técnicas de correção com puxões de coleira e beliscões na orelha – para a alegria de rapidamente entregar biscoitos de fígado, sob o olhar de aprovação das teorias de aprendizagem behavioristas. Para o horror de muitos, Hearne não trocou o antigo caminho pelo novo. Seu desdém pelo treinamento com uso do *clicker* era abrasivo, superado apenas por sua oposição ferrenha aos discursos de direitos dos animais. Eu me encolho com o puxão de orelha que ela dá nas práticas de adestramento que acabo de encontrar e me divirto com sua tentativa de adestrar com um *alpha roll*[31] as ideologias de direitos dos animais. A coerência e a potência da crítica de Hearne aos viciados no *clicker* e aos encantados por direitos, no entanto, me causam admiração e me chamam atenção para uma ligação de parentesco. Hearne e Garrett são, no fundo, como irmãs de sangue.

O principal, para a linhagem delas, é o foco no que os cachorros dizem e exigem. Pela graça divina, essas pensadoras se voltam para os cachorros, levando em conta todas as com-

---

31 *Alpha roll* é uma técnica de treino de cães que consiste em segurar com força o corpo do cachorro contra o chão, de barriga para cima, com o intuito de afirmar autoridade. É uma manobra considerada agressiva e não se recomenda sua prática. (N.R.T.)

plexidades e particularidades caninas como uma exigência indiscutível para suas práticas relacionais. Não há dúvida de que adestradores behavioristas e Hearne apresentam métodos consideravelmente diferentes. Algumas dessas diferenças poderiam ser dissolvidas com pesquisas empíricas, mas outras estão imersas em talento pessoal e certo carisma interespecífico ou em conhecimentos tácitos incomensuráveis de diversas comunidades de práticas. Alguns desses desacordos possivelmente também esbarram na estupidez humana e no oportunismo canino. Porém, "método" não é a coisa mais importante entre espécies companheiras; uma "comunicação" que atravessa diferenças irredutíveis é o que importa. Conexões parciais situadas são o que importa; desse complexo jogo de cama de gato emergem juntos cachorros e humanos. O respeito está na base do jogo. Bons adestradores praticam a disciplina das espécies companheiras e se relacionam sob o signo da alteridade significativa.

O livro mais conhecido de Hearne sobre comunicação entre animais de companhia e seres humanos, *Adam's Task*, tem um título ruim. O livro é sobre trocas em conversas, não sobre dar nomes. O trabalho de categorização de Adão era fácil. Ele não precisava se preocupar com a resposta de alguém; e Deus, não um cachorro, fez dele quem ele era, à Sua imagem e semelhança, nada menos que isso. Complicando um pouco, Hearne precisa se preocupar com conversações quando a linguagem humana não é o meio, mas não pelo motivo que muitos linguistas e filósofos da linguagem apontariam. Hearne gosta que adestradores usem uma linguagem comum em seu trabalho; esse uso acaba sendo importante para o entendimento do que o cachorro pode estar querendo dizer, mas não porque os cachorros estão falando um humanês peludo. Ela defende veementemente muitos dos chamados antropomorfismos e ninguém argumenta mais eloquentemente que ela a favor de práticas linguísticas carregadas de intenções e que atribuem uma consciência ao ser que fala, usadas por adestradores de circo, jóqueis e adestradores de cães amadores. Toda essa linguagem filosoficamente suspeita é importante para manter os humanos atentos ao fato de que existe alguém os escutando do lado animal da conversa.

*Quem* está desse outro lado deve estar permanentemente em questão. O reconhecimento de que não se pode *conhecer* o outro ou a si mesmo, mas que é necessário perguntar a todo tempo quem e o que emerge dentro e a partir do relacionamento é fundamental. Isso vale para qualquer amor verdadeiro, de qualquer espécie. Teólogos descrevem o poder do "modo negativo de conhecer" Deus. Como "quem" ou "o que é Deus" é infinito, um ser finito, sem idolatria, só consegue dizer o que Deus não é – ou seja, não é a projeção da subjetividade do próprio ser finito. Outro nome para esse tipo de conhecimento "negativo" é *amor*. Acredito que essas considerações teológicas são potentes para conhecermos os cachorros, especialmente para entrarmos numa relação com eles – como o adestramento – que mereça ser chamada de amorosa.

Acredito que toda relação ética, intra ou interespecífica, é tecida com uma linha forte, feita de atenção persistente à alteridade relacional. Não somos seres únicos, e vir a ser algo depende de seguirmos juntos. É obrigatório perguntar quem está presente e quem está emergindo. Sabemos, por pesquisas recentes, que cachorros, mesmo os criados em canil, respondem muito melhor que lobos inteligentes e chimpanzés a sugestões visuais, indicações com as mãos e toques, num teste para encontrar comida escondida. A sobrevivência de cachorros enquanto espécie e indivíduos, muitas vezes, depende da sua capacidade de ler bem os seres humanos. Se apenas pudéssemos ter certeza de que a maioria dos seres humanos responde, mais do que por acaso, ao que os cachorros lhes dizem. Numa contradição fértil, Hearne acredita que os idiomas que expressam intenção, usados por pessoas que lidam com cachorros há muito tempo, podem prevenir um tipo de antropomorfismo literal que vê humanos peludos em corpos animais e que mede o valor desses animais em escalas de similaridade com o sujeito humanista e detentor de direitos da filosofia e teoria política ocidental.

A resistência de Hearne diante desse antropomorfismo literalista e seu compromisso com alteridade significativa relacional alimenta seus argumentos contra os discursos de direitos dos animais. Olhando por um prisma diferente, ela é apaixonada pelas conquistas interespecíficas possíveis graças à disciplina hierárquica no adestramento de animais de companhia. Hearne acha a performance da excelência bonita, dura, específica e pessoal. Ela é contra escalas abstratas de comparação de funções mentais ou níveis de consciência que ranqueiam organismos numa cadeia modernista de seres e designam privilégios e tutelas de acordo com certos parâmetros. Ela busca especificidade.

A ultrajante equiparação do genocídio de judeus na Alemanha nazista – o holocausto – com a matança do complexo animal-industrial, que se tornou famosa com a personagem Elizabeth Costello, do romance *A vida dos animais*, de J. M. Coetzee; ou a equiparação das práticas de escravização humana com a domesticação de animais, não fazem sentido algum no quadro de trabalho de Hearne. Atrocidades, assim como conquistas preciosas, merecem seus próprios potentes idiomas e respostas éticas, incluindo a atribuição de prioridades na prática. A emergência situada de mundos mais viváveis depende dessa sensibilidade diferencial. Hearne é apaixonada pela beleza da coreografia ontológica que acontece quando cachorros e humanos conversam habilmente, cara a cara. Ela está convencida de que essa é a coreografia da "felicidade animal", título de outro de seus livros.

Em seu famoso texto crítico na edição de setembro de 1991 da revista *Harper*, intitulada "Cavalos, cães de guarda e felicidade jeffersoniana: o que está errado nos direitos dos animais?", Hearne questiona o que seria a "felicidade" de um animal de companhia. A resposta que ela dá: a capacidade de sentir satisfação a partir do esforço, do trabalho, da realização do possível. Esse tipo de felicidade vem quando se externaliza o que está dentro, ou seja, vem do que os adestradores chamam de "talento", segundo Hearne. Muito do talento de um animal de companhia só vem à tona através do trabalho *relacional* presente no adestramento. Seguindo Aristóteles, Hearne argumenta que essa felicidade é fundamentada em uma ética comprometida com o "acerto", com a satisfação da conquista. Um cachorro e um condutor descobrem a felicidade juntos, no processo do adestramento. Esse é um exemplo de naturezas-culturas emergentes.

Esse tipo de felicidade está ligado a um desejo de excelência e à possibilidade de tentar alcançá-lo em termos reconhecíveis por seres concretos, não por abstrações categoriais. Os animais não são todos iguais; suas especificidades, enquanto espécie e enquanto indivíduo, importam. A especificidade de suas felicidades importa, e esse é um aspecto que se precisa fazer vir à tona. A tradução das felicidades aristotélica e jeffersoniana feita por Hearne fala de um florescimento humano--animal enquanto seres mortais combinados. Se o humanismo convencional está morto nos mundos pós-ciborgue e pós-colonial, o caninismo jeffersoniano talvez mereça uma reconsideração.

Quando traz Thomas Jefferson[32] para dentro do canil, Hearne mostra que a origem dos direitos está no compromis-

---

[32] Na Declaração de Independência dos Estados Unidos da América, Thomas Jefferson elencou entre os direitos básicos dos cidadãos da nova nação a "busca pela felicidade". Vicki Hearne, em diferentes obras, se pergunta sobre o que constituiria a felicidade para um cão. →

so firmado na relação, não em categorias identitárias separadas e preexistentes. Sendo assim, no adestramento, os cachorros obtêm "direitos" com humanos específicos. Em um relacionamento, cachorros e humanos constroem "direitos" uns com os outros, direitos como o de exigir respeito, atenção e resposta. Hearne descreve o esporte canino de obediência como um lugar em que é aumentado o poder do cachorro de exigir direitos ao humano. Aprender a obedecer seu cachorro é, honestamente, a tarefa mais difícil que o dono tem. A linguagem de Hearne se mantém implacavelmente política e filosófica, enquanto ela afirma que, ao educar seus cachorros, ela "emancipa" o relacionamento. A questão acaba não sendo "o que são os direitos dos animais", como se eles existissem em algum lugar para serem descobertos. Pergunta-se: "como um ser humano entra em uma relação de direitos com um animal?". Tais direitos, enraizados em uma posse recíproca, são difíceis de serem invalidados; e as suas exigências mudam a vida de todos os parceiros.

Os argumentos de Hearne sobre a felicidade de animais de companhia, posse recíproca e o direito de buscar a felicidade passam longe da atribuição de um *status* de "escravidão" a todos os animais domésticos, incluindo "animais de estimação". Em vez disso, para ela, o relacionamento cara a cara de espécies companheiras torna possível o surgimento de algo novo e arrojado; e a coisa nova não é a atribuição de um caráter tutelar ao humano, no lugar da posse, e também não é uma relação de propriedade convencional. Hearne vê tanto os humanos quanto os cachorros como seres com uma capacidade específica da sua espécie de compreender normas morais e de buscar conquistas sérias.

→ Dialogando com os autores e ativistas dos direitos animais, a filósofa questiona se a busca pela felicidade também seria um direito canino fundamental. (N.R.T.)

63 — O manifesto das espécies companheiras

Posse – propriedade – envolve reciprocidade e direitos de acesso. Se eu tenho um cachorro, meu cachorro tem um humano; o significado dessa equação é que está em jogo. Hearne reformula as ideias de Jefferson sobre propriedade e felicidade na medida em que ela as transporta para o mundo do rastreamento, da caça, da obediência e dos comportamentos domésticos.

O ideal de Hearne sobre felicidade e direitos animais também está longe da concepção de que aliviar sofrimentos é a principal obrigação humana para com os animais. A obrigação em relação aos animais de companhia é muito mais exigente que isso, ainda que a crueldade e a indiferença persistentes nesse domínio sejam realmente assustadoras. A ética do florescimento descrita pela feminista ambiental Chris Cuomo[33] é próxima da abordagem de Hearne. Algo importante vem ao mundo na relacionalidade do adestramento; todos os participantes são remodelados por ele. Hearne adorava linguagens sobre linguagem; ela reconheceria os metaplasmos que percorrem essas práticas de ponta a ponta.

— Aprendiz no *agility*

A partir de "Notas da filha de um jornalista esportivo", outubro de 1999

Querida Vicki Hearne,
    Na semana passada, observando o Roland, meu pastor--australiano mestiço, com você à espreita nos meus pensamentos, lembrei que as coisas são multidimensionais e situacionais,

---

[33] Chris Cuomo é filósofa e professora da Universidade da Geórgia. Sua pesquisa se concentra nos cruzamentos entre meio ambiente, ética e política interseccional. (N.R.T.)

e descrever o temperamento de um cachorro exige mais precisão do que eu imaginava. Nós vamos quase todo dia a uma praia cercada por penhascos em que ele não precisa usar coleira. Há dois tipos de cachorros lá: *retrievers* e *metaretrievers*.[34] Roland é um *metaretriever*. Ele joga bola com Rusten, meu marido, e eu, de vez em quando (ou sempre que há uns biscoitos de fígado envolvidos), mas não é o que ele mais gosta de fazer. A atividade não dá a ele um senso de compensação, e sua falta de jeito para ela torna isso evidente. Mas ir atrás de *retrievers* é completamente diferente. Os *retrievers* observam qualquer um que esteja prestes a jogar uma bola ou graveto, como se suas vidas dependessem disso. Os *metaretrievers* observam os *retrievers* com uma sensibilidade excepcional para perceber a direção para onde os *retrievers* vão e a hora de sair atrás deles. Esses metacachorros não olham para a bola ou para o humano; eles olham para o ruminante-suplente-em-pele-de-cachorro. Roland, em seu modo meta, parece um tipo de *border collie* australiano feito para uma lição sobre platonismo. Suas patas dianteiras estão abaixadas, as pernas estão ligeiramente afastadas, uma em frente a outra, milimetricamente equilibradas, os pelos das costas eriçados, seus olhos focados, seu corpo todo pronto para se atirar a uma ação dura e direcionada. Quando o *retriever* vai atrás do projétil, o *metaretriever* deixa seu estado de alerta para segui-lo, colado em seu calcanhar, se amontoando com outros cachorros, gastando sua energia com alegria e habilidade. Os bons *metaretrievers* conseguem até lidar com mais de um *retriever* por vez. Os bons *retrievers* conseguem desviar dos *metaretrievers* a tempo de pegar, num salto surpreendente, o que foi lançado – ou se lançar nas ondas, quando o objeto tiver caído no mar.

[34] Cachorros que não têm interesse em perseguir um graveto, uma bola ou outro objeto, e sim perseguir outros cachorros perseguindo esses objetos. (N.R.T.)

Já que não temos patos ou algum tipo de gado na praia, os *retrievers* assumem esse papel para os *metaretrievers*. Algumas pessoas que têm *retrievers* se esquecem dessa função de seus cães (não tenho como culpá-las), então, aqueles de nós que têm *metaretrievers* tentam distrair seus cachorros, vez ou outra, com algum jogo que eles inevitavelmente acham menos satisfatório. Desenhei mentalmente um quadrinho no estilo Gary Larson, na quinta-feira, enquanto observava Roland, um pastor inglês velho e com artrite, um pastor-australiano adorável e tricolor e um *border collie* mestiço, todos formando um círculo intenso em volta de um cachorro que era uma mistura de pastor com labrador, uma infinidade de *goldens* e um *pointer* que giravam em volta de um humano, que – como bom liberal estadunidense individualista – estava tentando jogar o graveto apenas para o seu cachorro.

— Correspondência com Gail Frazier, professora de *agility*, 06 de maio de 2001

Olá Gail,
    Seus pupilos, Roland e eu, conseguimos duas qualificações de Standard Novice [Iniciante Padrão] esse fim de semana, na prova da USDAA [United States Dog Agility Association]!
    O *gambler*[35] no sábado de manhã foi uma ideia ruim. E fomos terríveis em nosso percurso de saltos, que finalmente aconteceu às 18h30 desse dia. Em nossa defesa, depois de acordar às 4h, com três horas de sono, para chegarmos a tempo da prova no Hayward, já era impressionante o fato de estarmos de pé aquela hora, imagina correndo e pulando.

---

35 Prova de obstáculos no percurso de *agility*. (N.R.T.)

Tanto Roland quanto eu corremos circuitos de saltos totalmente diferentes; nenhum dos dois era o que o juiz tinha indicado. Mas nossa execução dos circuitos para o Standard[36] no sábado e no domingo foram ambas muito benfeitas e em um deles ganhamos uma medalha de primeiro lugar. Os pés de Roland e meus ombros parecem ter sido feitos para dançarem juntos.

Cayenne e eu vamos para o Haute Dawgs[37] em Dixon no próximo sábado para a sua primeira competição simulada. Nos deseje sorte. Existem muitas maneiras de ir bem ou mal em um circuito, mas até agora todos têm sido divertidos, ou ao menos instrutivos. Revendo nossos respectivos desempenhos na tarde de domingo em Hayward, um cara e eu estávamos rindo da arrogância cósmica da cultura estadunidense (nesse caso, nós mesmos), em que geralmente acreditamos que erros têm causas e que temos como descobri-las. Os deuses riem de nós.

— A história do esporte

Parcialmente inspirada em eventos de salto com cavalos, o *agility* começou na competição canina *Crufts*,[38] em Londres, em fevereiro de 1978, como uma forma de entretenimento duran-

---

36 Percurso completo de *agility*, diferente de, por exemplo, o Midi ou Mini. Os percursos variam com o porte do cão. (N.R.T.)

37 Haute Dawgs é uma organização sediada em Dixon, Califórnia. Ela é parte da USDAA e promove competições de *agility* e outras atividades relacionadas. (N.R.T.)

38 *Crufts*, realizado anualmente no Reino Unido, é um dos maiores eventos do mundo de criação de cachorros, promovendo vários tipos de atividades e competições. (N.R.T.)

te o intervalo depois do campeonato de obediência e antes do julgamento em grupo. Na genealogia do *agility*, também estão os treinamentos de cães policiais, que começaram em Londres em 1946 e usavam obstáculos como a estrutura em A, inclinada e alta, que o exército já havia adotado para o treinamento do seu corpo canino. A *Dog Working Trials*, uma competição britânica exigente que incluía barras para salto de 90cm, painéis para salto de 1,8m e salto à distância de 2,7m, adicionou um terceiro braço na ascendência do *agility*. Nas primeiras partidas de *agility*, gangorras eram tiradas de parques infantis e poços de ventilação das minas de carvão eram usados como túneis. Os homens – principalmente "caras que trabalhavam nas minas de carvão e queriam se divertir um pouco com seus cachorros", nas palavras do adestrador britânico e historiador do *agility* John Rogerson, na série *History of agility*, de Brenna Fender, na revista *Clean Run* – foram os primeiros entusiastas dessa atividade. *Crufts* e a televisão, patrocinados pela marca de ração Pedigree, se asseguraram de que o gênero e a classe dos humanos envolvidos seria tão diversa no esporte quanto a linhagem dos equipamentos do *agility*.

Extremamente popular no Reino Unido, o *agility* se espalhou pelo mundo mais rápido que os cachorros depois de sua domesticação. A United States Dog Agility Association [Associação Estadunidense de Agility] (USDAA) foi fundada em 1986. Nos anos 2000, o *agility* já atraía milhares de participantes fissurados em centenas de encontros pelo país. Um evento de fim de semana tipicamente atrai trezentos ou mais cachorros e condutores, e muitos times competem mais de uma vez por mês e treinam pelo menos semanalmente. O *agility* floresce na Europa, no Canadá, na América Latina, Austrália e Japão. O Brasil venceu a Copa do Mundo da Fédération Cynologique Internationale [Federação Internacional de Cinologia] em 2002. O Grand Prix da USDAA é televisionado; os vídeos da competição são devorados por entusiastas em busca dos movimentos realizados pelas maiores duplas de cachorro-condutor e dos novos circuitos pensados por jurados perversos. Acampamentos de adestramento que duram uma semana inteira recebem centenas de estudantes, tutorados por famosos condutores-instrutores, e ocorrem em diversos estados.

Como é possível atestar na *Clean Run*, a refinada revista mensal sobre o esporte, o *agility* se torna cada vez mais tecnicamente exigente. Um circuito é composto de mais ou menos vinte obstáculos como saltos, estruturas em A de 1,80m, *slalom*, gangorras e túneis, arrumados em certo padrão definido pelos jurados. As partidas (chamadas, por exemplo, de *snooker*, *gamblers*, *pairs*, *jumpers* com barras, *tunnelers* e *standard*) envolvem diferentes configurações de obstáculos e regras e exigem estratégias diferentes. Os participantes veem os circuitos pela primeira vez no dia do evento e podem andar nele por mais ou menos 10 minutos para planejar sua corrida. Os cachorros veem o circuito pela primeira vez na hora da corrida. O humano dá sinais com a voz e o corpo; o cachorro se move rapidamente pelos obstáculos na ordem determinada. A pontuação depende do tempo e da precisão. A execução de um percurso normalmente leva um minuto ou menos, e os vencedores dos eventos são definidos por frações de segundo. O *agility* requer uma contração muscular, esquelética e neural rápida! Dependendo da organização patrocinadora, uma dupla de cachorro-humano participa de dois a oito eventos em um dia. Reconhecimento do padrão dos obstáculos, conhecimento de movimentos, habilidade em obstáculos mais difíceis e coordenação e comunicação perfeitas entre cachorro e condutor são fundamentais para bons desempenhos.

Cayenne Pepper salta um obstáculo de pneu.
Imagem cedida por Tien Tran Photography.

O *agility* costuma ser caro; viagens, acampamentos, taxas e treinamentos chegam facilmente a um gasto anual de 2.500 dólares. Para ser bom, um time precisa praticar várias vezes por semana e ter preparo físico. O empreendimento de tempo não é trivial para as pessoas nem para os cachorros. Nos Estados Unidos, mulheres brancas de meia-idade e de classe média dominam numericamente o esporte; internacionalmente, os melhores competidores variam mais em gênero, cor e idade, mas provavelmente não em classe. Diversos tipos de cachorro participam e ganham, mas certas raças – *border collies*, pastores de *shetland, jack russell terriers* – se destacam nas categorias de salto. O esporte é estritamente amador, a equipe e os competidores envolvidos nos eventos são voluntários e participantes, respectivamente. Ann Leffler e Dair Gillespie, sociólogas em

Utah, que estudam (e praticam) o esporte, falam sobre o *agility* em termos de "passatempos passionais" que problematizam a interface entre público/privado e trabalho/lazer. Tento convencer meu pai, o jornalista esportivo, de que o *agility* devia colocar o futebol para escanteio e passar a ocupar seu lugar de direito, nas transmissões de TV, ao lado das competições mundiais de tênis. Além do simples e pessoal fato de que me alegro em passar tempo com meus cachorros e trabalhar com eles, por que me importo com isso? Mais ainda, em um mundo cheio de crises políticas e ecológicas tão urgentes, *como* me importo com isso?

Amor, compromisso e desejo de desenvolver habilidades junto de outro ser não são jogos de soma zero. Atos de amor como o adestramento, nos termos de Vicki Hearne, geram outros atos de amor, como cuidar e se preocupar com outros mundos que emergem e se concatenam. Esse é o coração do meu manifesto das espécies companheiras. Eu vivo o *agility* como um bem por si só, mas também como uma forma de me tornar mais mundana, ou seja, mais atenta às exigências da alteridade significativa em todas as escalas necessárias para a produção de mundos mais vivíveis. Os riscos, como em muitas outras situações, estão nos detalhes. As articulações estão nos detalhes. Ainda vou escrever um livro chamado *Nascimento do canil*, em homenagem a Foucault, ou então *Notas da filha de um jornalista esportivo*, em homenagem a outro de meus progenitores. Isso para discutir a miríade de fios que conectam cachorros aos muitos mundos que precisamos fazer florescer. Posso apenas fazer sugestões aqui. Para isso, trabalharei tropicamente evocando três frases que Gail Frazier, minha instrutora de *agility*, regularmente usa com seus estudantes: "Você abandonou seu cachorro"; "Seu cachorro não confia em você"; e "Confie em seu cachorro".

Roland se lança por sobre uma barra de salto.
Imagem cedida por Tien Tran Photography.

Essas três frases nos levam de volta à história de Marco, à servidão positiva de Garrett e à beleza severa de Hearne. Uma boa instrutora de *agility*, como a minha, é capaz de mostrar para seus alunos exatamente onde eles abandonaram seus cachorros e precisamente que gestos, ações e atitudes bloqueiam a confiança. É tudo bastante literal. Primeiro, os movimentos parecem pequenos, insignificantes; a sincronização, muito rígida, muito dura; a consistência, muito rigorosa; a instrutora, muito exigente. Depois, o cachorro e o humano se entendem, mesmo que só por um minuto, entendem como podem se mover com certa alegria e habilidade em um circuito difícil, como podem se comunicar, como conseguem ser honestos um com o outro. O objetivo é o oximoro da espontaneidade disciplinada. Tanto o cachorro quanto o condutor devem ser capazes de tomar a iniciativa e responder obedientemente ao outro. A tarefa é tornarem-se suficientemente coerentes em um mundo incoerente, a fim de se envolverem em uma dança conjunta do ser que cria respeito e resposta na carne, na corrida, no percurso. E, depois, lembrar de viver dessa maneira em qualquer nível, com qualquer parceiro.

# V — Histórias das raças

Até agora, este manifesto destacou duas escalas de tempo-
-espaço coconstituídas por agências humana, animal e inani-
mada: (1) tempo evolutivo, no nível do planeta Terra e de suas
espécies naturais-culturais, e (2) tempo presencial, no nível
de corpos mortais e de vidas individuais. Para tentar acalmar os medos de reducionismos biológicos das pessoas poli-
tizadas que me leem, contei histórias sobre evolução; e com
Bruno Latour, meu colega dos estudos da ciência, tentei produzir interesse nos empreendimentos muito mais vívidos das
naturezas-culturas. Com histórias de amor e adestramento,
tentei fazer jus ao mundo, com seus detalhes irredutíveis e
pessoais. A cada repetição, meu manifesto trabalha de maneira fractal, reinscrevendo formas parecidas de atenção,
escuta e respeito.

É preciso fazer soar tons em outra escala, a saber, no tempo histórico, com escalas de décadas, séculos, populações,
regiões e nações. Aqui, me volto para o trabalho sobre feminismo e tecnologias da escrita de Katie King,[39] em que ela re-
flete sobre como podemos reconhecer formas emergentes de
consciência, incluindo métodos de análise, implicados nos
processos de globalização. Ela escreve sobre agências distribuídas, "camadas de locais e globais",[40] e futuros políticos

---

[39] Katie King é filósofa e trabalha na intersecção entre feminismo e novas tecnologias. É professora aposentada da Universidade de Maryland. (N.R.T.)

[40] A expressão remete ao texto *Globalization, TV Technologies, and the Re-production of Sexual Identities: Researching and Teaching Layers of Locals and Globals in Highlander and Xena* [Globalização, tecnologias de TV e a re-produção das identidades sexuais: pesquisando e ensinando →

75 — O manifesto das espécies companheiras

ainda não atualizados. Pessoas que têm cachorros precisam aprender como herdar histórias difíceis para moldar futuros multiespécie mais vigorosos. Prestar atenção nas complexidades, distribuídas e cheias de camadas, me ajuda a evitar tanto um determinismo pessimista quanto um idealismo romântico. A cachorrolândia, no fim das contas, é construída a partir de camadas de locais e globais.

Recorro à antropóloga feminista Anna Tsing para pensar sobre a produção de escalas na cachorrolândia. Ela questiona o que podemos contar como "global" na dinâmica econômica transnacional da Indonesia contemporânea. Ela não vê entidades preexistentes nas formas e tamanhos das fronteiras, dos centros, dos habitantes locais, dos globais; em vez disso, ela enxerga uma "produção de escalas" de tipos criadores de mundo em que permanece possível reabrir o que parecia fechado.

Por fim, traduzo – literalmente, transporto para a cachorrolândia – o entendimento de Neferti Tadiar sobre a experiência ser um trabalho histórico, por meio do qual sujeitos podem ser situados estruturalmente em sistemas de poder sem que eles sejam reduzidos a matéria-prima de grandes atores como o Capitalismo ou o Imperialismo. Pode ser que ela me perdoe por incluir cachorros entre esses sujeitos, e até considere a díade humano-cachorro, pelo menos provisoriamente. Talvez contar histórias sobre dois tipos divergentes de cachorros – cães guardiões de rebanho (CGR) e cães pastores –, e de raças institucionalizadas emergentes desses tipos – cães de montanha dos Pirineus e pastores-australianos –, bem como cachorros sem uma raça ou tipo definido, possa nos ajudar a moldar uma consciência mundana potente, em solidariedade

→ camadas de locais e globais em Highlander e Xena]. Locais e globais são termos gerais que podem ser complementados de várias maneiras: agentes, sujeitos, processos, espaços, economias locais e globais. (N.R.T.)

a minhas companheiras e meus companheiros feministas, antirracistas, *queer* e socialistas; ou seja, à comunidade imaginada que só pode ser percebida por uma nomeação negativa, como todas as últimas esperanças.

Nesse modo negativo, conto com a animação de histórias ilustrativas. Existe uma série de histórias sobre as origens e os comportamentos de diferentes raças e tipos de cachorros, mas nem todas nascem da mesma maneira. Meus mentores na cachorrolândia me contaram suas histórias de criadores; histórias que honram, acredito eu, evidências documentais, orais, experimentais e vividas, tanto científicas quanto leigas. As histórias a seguir são composições que, ao me interpelar a suas estruturas, mostram algo importante sobre espécies companheiras vivendo em naturezas-culturas.

— Cães de montanha dos Pirineus

Já faz milhares de anos que cães guardiões se associaram a povos criadores de ovelhas e cabras e podem ser encontrados em grandes áreas da África, Europa e Ásia. Migrações, de pequena e grande distância, de milhões de pastores, cachorros e animais, que pastam indo e vindo de mercados e pastos de inverno a verão – saindo das cordilheiras dos Atlas no norte da África, cruzando Portugal e Espanha, passando pelos Pirineus, o sul da Europa, entrando na Turquia, no leste europeu, cruzando a Eurásia, atravessando o Tibete e chegando no deserto de Gobi, na China – literalmente esculpiram trilhas no solo e nas pedras. Em seu enriquecedor livro *Dogs*, Raymond e Lorna Coppinger comparam essas trilhas com o esculpir de geleiras. Cães guardiões de rebanho (CGR) regionais se transformaram em tipos distintos, diferentes em aparência e atitude – mas a comunicação sexual sempre ligou populações adjacentes e viajantes. Os cachorros que se desenvolveram em climas mais frios, em regiões mais altas, mais ao norte, são maiores que aqueles que se moldaram às ecologias mediterrânea ou desértica. Os espanhóis, ingleses e outros europeus trouxeram para as Américas seus cachorros grandes, de tipo mastim, e pequenos, de tipo pastor, no momento da enorme troca de genes conhecida como a conquista.[41] Essas populações mistas, intencionalmente interconectadas, são o sonho ou o pesadelo de biólogos que estudam populações ecológicas ou genéticas, dependendo da sua relação com a história.

As raças de CGRs, reproduzidas em linhagem fechada em certos kennel clubes,[42] a partir da segunda metade do século XIX, derivam de diferentes indivíduos coletados de tipos regionais, como o mastim dos Pirineus, da região basca da Espanha; os cães de montanha dos Pirineus, da região basca da França e Espanha; o pastor maremano abruzês, da Itália; o pastor húngaro, da Hungria; e o pastor da Anatólia, da Turquia. As controvérsias sobre a saúde genética e significância funcional dessas "ilhas" de populações – as raças – agitam toda a cachorrolândia. Um clube de raça é relativamente análogo a uma associação de preservação de espécies ameaçadas de extinção,

---

41 Donna Haraway se refere aqui à invasão europeia das Américas a partir de 1492. Uma de suas consequências foi o chamado intercâmbio colombiano em que se levaram espécies de animais, vegetais, vírus e outros bichos das Américas para a Europa e o oeste da África e vice-versa. (N.R.T.)

42 O "kennel clube" é uma organização de criadores de cachorros onde se reúnem amantes de determinadas raças e discutem assuntos caninos como criação, registro, exposição e promoção dessas raças. Os clubes brasileiros, quando não usam a expressão em inglês "kennel club", dizem "kennel clube". A tradução literal seria "clube de canis", mas optamos por usar a expressão corrente. (N.T.)

para a qual gargalos populacionais e rupturas de antigos sistemas de seleção genética naturais e artificiais demandam ação organizada e continuada.

Tradicionalmente, CGRs protegem rebanhos contra a ação de ursos, lobos, ladrões e cachorros estranhos. Normalmente, esses animais trabalham com cães pastores no mesmo rebanho, mas o trabalho desses outros cães é diferente, e as interações de uns com os outros são limitadas. Regionalmente distintos, cães pastores pequenos estavam por toda parte, inclusive hordas de tipos de *collie*, sobre os quais falarei mais quando chegar nos pastores-australianos. Durante o tempo de duração das economias de pastoreio, nas enormes massas de terra que elas ocuparam, pastores camponeses desenvolveram certos padrões de funcionalidade para seus cachorros, o que afetou diretamente oportunidades de sobrevivência e reprodução e moldou tipos. Condições ecológicas também moldaram os cachorros e as ovelhas, independentemente das intenções humanas. Enquanto isso, os cachorros, de acordo com diferentes critérios, certamente puseram em prática suas próprias inclinações sexuais com seus vizinhos, quando tinham a chance.

Cães guardiões não pastoreiam ovelhas; eles as protegem de predadores, principalmente patrulhando os limites do rebanho e latindo energicamente para afastar estranhos. Eles atacam e até matam intrusos que insistirem em invadir o espaço do rebanho, mas sua habilidade de calibrar a própria agressão ao nível da ameaça é lendária. Eles também desenvolveram, ao longo dos anos, um repertório de diferentes latidos para tipos e níveis específicos de alerta. Cães guardiões de rebanho não são particularmente inclinados à caça; pouco de suas brincadeiras de filhote envolvem jogos com perseguição, busca, corridas e mordidas. Se eles começam a brincar assim com o rebanho ou um com o outro, o pastor os dissuade da ideia. Aqueles que não são dissuadidos não ficam no fundo genético dos CGR. Os cães que já trabalham ensinam o ofício para os mais novos; na falta de cães mais experientes, um humano informado deve ajudar o filhote solitário ou o cachorro mais velho a aprender como ser um bom guardião.

Cães guardiões de rebanho costumam ser péssimos *retrievers*, e suas predileções biossociais e criação atuam deixando-os surdos aos comandos das refinadas competições de obediência. Mas eles são capazes de tomar decisões impressionantes, de maneira independente, numa ecologia histórica complexa.

Histórias de CGRs auxiliando o parto de ovelhas e limpando o cordeiro recém-nascido mostram a capacidade desses cachorros de criarem laços com os animais de que são encarregados. Um cão guardião de rebanho, como um cão de montanha dos Pirineus, pode passar o dia descansando entre as ovelhas e a noite patrulhando, alegremente atento a qualquer problema.

CGRs e pastores costumam aprender as coisas com facilidades e dificuldades diferentes. Nenhum dos dois tipos pode ser realmente ensinado a fazer seu trabalho principal, menos ainda o trabalho do outro cachorro. As atitudes e o comportamento funcional dos cachorros podem e devem ser direcionados e encorajados – adestrados, propriamente dito – mas um cachorro que não fica feliz com perseguições e coletas, e que não tem grande interesse em trabalhar com um ser humano, não tem como ser ensinado a pastorear habilmente. Pastores têm uma forte propensão à caça desde filhotes. Em sincronia coreográfica com os pastores humanos e seus herbívoros, os componentes controlados desse padrão de predação – menos as partes de matar e dissecar as presas – são precisamente o trabalho de um pastor. Da mesma maneira, um cachorro com pouca paixão por seu território, uma fraca suspeita de intrusos e pouco prazer em forjar laços sociais, não pode ser ensinado do zero a gostar dessas coisas, mesmo com o maior *clicker* do mundo.

Protegendo rebanhos na Europa desde pelo menos o tempo do Império Romano, grandes cães guardiões brancos aparecem em registros franceses ao longo dos séculos. Em 1885-1886, os cães de montanha dos Pirineus foram registrados no Kennel Clube de Londres. Em 1909, os primeiros dessa raça foram levados para a Inglaterra para procriação. Em sua monumental enciclopédia de 1897, *Les races des chiens*, Comte Henri de Bylandt dedicou várias páginas à descrição dos cães dos Pirineus que trabalhavam como guardiões. Formando clubes rivais em Lourdes e Argeles, na França, em 1907, dois grupos de criadores compraram cães de montanha que eles acreditavam ser valiosos e de "raça pura". Junto à idealização romântica de pastores camponeses e seus animais, característica da modernização capitalista e formações de classe que tornam tais modos de vida quase impossíveis, discursos sobre sangue puro e nobreza assombram raças modernas como mortos-vivos.

A Primeira Guerra Mundial dizimou tanto os clubes franceses quanto a maioria dos cachorros. Cães guardiões que trabalhavam nas montanhas foram aniquilados pela guerra e pela depressão; mas eles já tinham perdido a maior parte de seus trabalhos na virada do século XIX, devido à extinção de ursos e lobos. Os cães dos Pirineus passaram a viver como cães de vilarejo e a ser vendidos para turistas e colecionadores, em vez de serem colocados para trabalhar como guardiões de rebanhos. Em 1927, o diplomata, jurado de competição, criador e nativo dos Pirineus, Bernard Senac-Lagrange se juntou aos poucos amantes desses cachorros para fundar a Réunion des Amateurs de Chiens Pyrénéens [Reunião dos Amantes de Cães de Montanha dos Pirineus] e a descrição que segue sendo a fundação dos padrões atuais da raça.

Nos anos 1930, uma busca séria feita por duas mulheres ricas, Mary Crane, de Massachusetts (Kennel Basquaerie), e Madame Jeanne Harper Trois Fontaine, da Inglaterra (Kennel De Fontenay), recuperou muitos cachorros da França. O American Kennel Club [Kennel Club Estadunidense] reconheceu o cão de montanha dos Pirineus em 1933. A Segunda Guerra Mundial pesou novamente sobre a população restante de CGRs nos Pirineus e exterminou a maioria dos cães registrados na França e no norte europeu. Pensando a proximidade de seu parentesco e quais deixaram prole, os historiadores dos cães dos Pirineus tentaram descobrir quantos cachorros foram comprados por Mary Crane, Madame Harper e algumas outras, tanto de aldeões quanto de amantes de cachorros. Aproximadamente trinta cachorros, muitos ligados por sangue, contribuíram de maneira contínua para o fundo genético dos cães dos Pirineus nos Estados Unidos. Com o fim da Segunda Guerra, as únicas populações consideráveis de cães dos Pirineus estavam no Reino Unido e nos Estados Unidos, apesar de a raça ter se recuperado mais tarde na França e no norte europeu, com algumas trocas entre criadores estadunidenses e europeus. Esses cachorros existem hoje graças aos entusiastas das competições de cachorros e aos criadores apaixonados pela raça. De 1931, quando Mary Crane começou sua busca, até os anos 1970, poucos cães dos Pirineus estadunidenses trabalharam como cães guardiões de rebanho.

    Isso mudou com novas abordagens para o controle de predadores no oeste dos Estados Unidos no início dos anos 1970. Cachorros sem dono matavam muitas ovelhas. Coiotes também estavam matando animais de criação; e eles eram ferozmente envenenados, presos e mortos por fazendeiros. Catherine de la Cruz – que ganhou sua primeira cachorra de competição, uma cadela de montanha dos Pirineus chamada Belle, em 1967 e recebeu mentoria de Ruth Rhoades, a "madre superiora" da raça na Califórnia, que também foi professora de Linda Weisser – viveu num rancho leiteiro no condado de Sonoma. Esse contexto dos cães dos Pirineus, de uma classe média da costa oeste estadunidense, marca importantes diferenças na cultura e no futuro da raça. Em 1972, uma cientista da Universidade da Califórnia chamou a mãe de de la Cruz para conversar sobre a diminuição de predadores. O campo de pesquisas do agronegócio na universidade e o Departamento de Agricultura dos Estados Unidos estavam começando a levar a sério métodos não tóxicos de controle de predadores. Ativistas ambientais e dos direitos dos animais estavam fazendo suas vozes ecoarem na consciência pública e na política nacional, inclusive com restrições federais quanto ao uso de venenos para matar predadores. Belle, cão pertencente a de la Cruz, descansava no meio das vacas leiteiras entre as competições caninas; seu rancho nunca teve problemas com predadores. De la Cruz conta que "acendeu uma luz em sua cabeça". Os cães de montanha dos Pirineus são descritos como cachorros que protegem os rebanhos de ursos e lobos, ainda que essas fossem mais narrativas simbólicas contadas por amantes das competições do que algo que eles tivessem realmente visto. Quaisquer que sejam seus outros efeitos, o padrão descrito de uma raça registrada institucionalmente é sobre um tipo ideal e certa história de origem. Na história de sua própria origem, de la Cruz conta que ela começou a pensar que os cães dos Pirineus que ela conhecia talvez fossem capazes de proteger ovelhas e vacas de outros cachorros e coiotes.

Ela doou alguns filhotes para criadores de ovelhas do norte da Califórnia. A partir dali, de la Cruz e algumas outras criadoras dessa raça, incluindo Weisser, colocaram cachorros (alguns até adultos) em ranchos e tentaram descobrir como ajudar esses animais a se tornarem efetivamente cachorros de controle de predadores – como eles estavam sendo chamados na época.

Sua fazenda de leite se convertera em um rancho de ovelhas, e ela se afiliou à associação de produtores de lã da região. No fim dos anos 1970, ela conheceu Margaret Hoffman, uma mulher ativa na associação que estava buscando cachorros para afastar coiotes. De la Cruz deu a ela o cão Sno-Bear, e Hoffman criou mais cachorros, colocando 100% deles para trabalhar. Em uma entrevista que fiz com de la Cruz em 2002, ela fala sobre "cometer todos os erros possíveis", experimentando com a socialização e o cuidado de cachorros trabalhadores, ficando em contato com os fazendeiros e cooperando com a Universidade da Califórnia e o Departamento de Agricultura em pesquisas e alocamentos.

Mary Crane (esquerda) em julho de 1967, na competição nacional do Great Pyrenees Club of America, em Santa Bárbara, Califórnia. O cão ao lado de Crane é Armand (vencedor da competição Los Pyrtos Armand of Pyr Oaks), que ganhou na categoria de *stud dog* naquele dia. Ao lado dele, estão suas duas irmãs: Impy, que foi Reserve Winners, e Drifty, Best of Opposite Sex. Linda Weisser está com Drifty, que morreu sem deixar descendentes. "Cachorro do meu coração" de Weisser, Impy tem cria em quase todos os canis da costa oeste estadunidense. Armand ficou com um dos filhos de Catherine de la Cruz, trabalhando na fazenda da família. Imagem cedida por Linda Weisser e Catherine de la Cruz.

Nos anos 1980, Linda Weisser e Evelyn Stuart, integrantes do comitê de revisão dos padrões da raça, organizado pelo *Great Pyrenees Club of America* [Clube Americano de Cães de montanha dos Pirineus], certificaram-se de que os cachorros trabalhadores estivessem em evidência. Enquanto ainda exibia seus cachorros em *shows* de conformação, de la Cruz passou os anos 1980 levando cães dos Pirineus para postos de trabalho em todo o país. Alguns desses cachorros saíam dos pastos, tomavam um banho, ganhavam competições e voltavam direto para o trabalho. Esse "cachorro de dupla finalidade" moldou um ideal moral e prático para a criação e educação dos cães dos Pirineus. A mentoria para se atingir esse ideal envolve várias – e exigentes – práticas de trabalho, incluindo a administração de importantes listas de *e-mails* na internet, como a *Livestock Guardian Dog Discussion List* [Lista de discussão sobre cães guardiões de rebanho] e o tópico de discussão sobre proteção de rebanho na *Great Pyrenees Discussion List* [Lista de discussão sobre cães de montanha dos Pirineus]. Excelência leiga, trabalho voluntário e comunidades colaborativas de prática são cruciais. Não por acaso, todo cão dos Pirineus que trabalha nos Estados Unidos tem sua origem em um histórico de mais de quatro décadas de domesticação e competições. Para todo lugar que olho, vejo espécies companheiras e naturezas-culturas emergentes.

De volta a meados dos anos 1970, primeiro Jeffrey Green e depois Roger Woodruff da Estação de Experimentos com Ovelhas dos Estados Unidos, do Departamento Estadunidense de Agricultura (USDA), em Dubois, Idaho, foram ambos atores-chaves dessa história. O primeiro cão guardião em atividade foi um *komondor* (Hungria), depois trabalharam com *akbash* (Turquia) e cães dos Pirineus. Meus informantes sobre os cães dos Pirineus falam sobre esses homens com tremendo respeito. No processo de estimular os fazendeiros a testarem os cães guardiões, os homens da USDA pediram a ajuda de criadores e os trataram como colegas. Por exemplo, Woodruff e Green deram um seminário especial sobre cães guardiões de rebanho na competição nacional do Great Pyrenees Club of America em Sacramento, em 1984. Outra parte da história da reemergência de CGRs trabalhadores na América do Norte é o estudo de Hal Black, no início dos anos 1980, sobre as práticas navajo de criação de ovelhas, com seus efetivos cães vira-latas, produzido na tentativa de coletar lições para outros fazendeiros.

A reeducação dos fazendeiros foi uma parte importante do projeto do USDA, e as pessoas que trabalhavam com cães dos Pirineus se engajaram fortemente nesse processo. Mergulhados nas ideologias de modernização, baseadas na ciência vinda das universidades de terras cedidas e do agronegócio, os fazendeiros costumavam ver os cachorros como método antiquado e os venenos comercializados como sinônimo de progresso e lucro. Levar os cachorros às fazendas não é fácil; a prática exige uma mudança nos métodos de trabalho e investimentos de tempo e dinheiro. O trabalho com os fazendeiros para efetivar essa mudança tem sido modestamente bem-sucedido.

Entre 1987 e 1988, o projeto do USDA comprou cerca de cem filhotes de cães guardiões de diversas partes dos Estados Unidos, a maioria deles cães dos Pirineus. Por insistência dos integrantes do clube dessa raça, todos os cachorros do projeto foram esterilizados e castrados – o que os manteria fora de uma produção comercial de filhotes e livres de outras práticas de reprodução que o clube considerava danosa para o bem-estar e saúde genética desses animais. Para reduzir o risco de displasia de quadril nos cães que trabalham, todos os progenitores de filhotes passaram por exames de raio-X. Ao fim dos anos 1980, pesquisas indicavam que mais de 80% dos fazendeiros consideravam seus cães guardiões – especialmente os cães de montanha dos Pirineus –

um ativo econômico. No ano de 2002, alguns milhares de CGRs estavam encarregados da proteção de ovelhas, lhamas, gado, cabras e avestruzes por todo território dos Estados Unidos.

Raymond e Lorna Coppinger e seus colegas na New England Farm Center [Centro de Agricultura da Nova Inglaterra], da Hampshire College, também realizaram pesquisas e alocamentos de centenas de CGRs em fazendas e ranchos estadunidenses – começando com pastores da Anatólia trazidos da Turquia no fim dos anos 1970. Raymond Coppinger realizou sua pesquisa de doutorado seguindo o legado etológico de Niko Tinbergen,[43] na Universidade de Oxford, e os Coppinger também têm um histórico de participações em corridas com cães de trenó. Os Coppinger sempre foram mais conhecidos pelo público e por cientistas, a não ser aqueles diretamente envolvidos no trabalho com CGRs, do que os criadores leigos a que dei destaque em minha história. Meus informantes sobre os cães dos Pirineus possuem uma visão desses animais que diverge em muitos aspectos à dos Coppinger. O projeto da Hampshire College não esterilizava os cachorros alocados em fazendas. Eles geralmente não levavam a distinção entre raças a sério, por acreditar que o ambiente social em que os animais estavam durante seu amadurecimento era a única variável crucial na formação de um guardião de rebanho eficiente. O projeto da Hampshire alocou filhotes mais novos em postos de trabalho, promoveu uma visão diferente sobre desenvolvimento biossocial e predileções comportamentais genéticas e administrou de outro modo a mentoria de pessoas e cachorros.

A maioria das pessoas que tinha cães dos Pirineus não cooperara com os Coppinger, e certa antipatia está presente

---

43 Niko Tinbergen (1907–1988) foi um biólogo e ornitólogo holandês. Dividiu o prêmio Nobel de fisiologia ou medicina com Karl von Frisch e Konrad Lorenz em 1973. Eles receberam esse reconhecimento graças a suas pesquisas sobre padrões de comportamento individual e social em animais. (N.R.T.)

nessa relação desde o princípio. Efetivamente, onde a ética do clube de raças era forte, os Coppinger tiveram pouco acesso aos cães de montanha dos Pirineus. Não tenho como avaliar as diferenças aqui, e meus leitores podem encontrar as ideias dos Coppinger em *Dogs*. No livro, os criadores de cães dos Pirineus não são mencionados; não se fala nem do fato de que eles estavam alocando cães guardiões de rebanho em postos de trabalho e que estavam cooperando, desde o início, com Jeff Green e Roger Woodruff. No livro, também não consta a informação – o que aconteceria se ele fosse uma publicação de 1990 da USDA – de que em 1986 foi realizada uma pesquisa pela Universidade de Idaho, em que quatrocentas pessoas foram entrevistadas; elas estavam conectadas a 763 cachorros e 57% dessa população canina era composta por cães de montanha dos Pirineus. Esses cães e os *komondors*, outra raça cujos criadores não contribuíram para o projeto de Hampshire, somavam 75% dos CGRs trabalhadores durante o estudo. Essa pesquisa e outras mostram que os cães dos Pirineus costumam estar acima de qualquer raça no nível de sucesso em seu trabalho. Isso inclui morder menos pessoas e causar ferimentos a uma parcela menor do rebanho. Em um estudo com cães de um ano de idade, de 59 cães dos Pirineus e 26 pastores da Anatólia, 83% dos primeiros foram avaliados como "bom", enquanto apenas 26% da segunda raça conseguiram a mesma avaliação.

Nessa história, há uma quantidade de ironias históricas suficiente para encher qualquer manifesto sobre espécies companheiras: cães de montanha dos Pirineus vindos da região basca – e criados na fantasia de raças puras – são introduzidos, a partir das economias devastadas de camponeses e pastores, nas fazendas do oeste dos Estados Unidos, a fim de proteger o gado e as ovelhas, espécies invasoras, dos fazendeiros anglo-saxões; isso acontece no *habitat* de pastagens (onde pouca vegetação nativa sobreviveu) de búfalos, no passado, caçados por povos indígenas das grandes planícies montados em cavalos espanhóis – estudos indicam ainda que a cultura pastoril das reservas navajo remete à conquista espanhola e às missões. Mas há mais. Dois esforços para trazer de volta espécies de predadores – antes extirpadas, agora recuperadas do *status* de pragas – para a fauna nativa e para servirem de atrações turísticas, uma nas montanhas dos Pirineus e outra em parques nacionais do oeste estadunidense, nos levarão mais longe nessa teia.

Filhote de cão de montanha dos Pirineus aprendendo seu ofício entre as ovelhas. Imagem cedida por Linda Weisser e Catherine de la Cruz.

Nos Estados Unidos, o *Endangered Species Act* [Decreto sobre as espécies ameaçadas] deu ao Departamento do Interior jurisdição sobre a reintrodução do lobo cinzento em regiões previamente habitadas por ele – como o Parque Nacional Yellowstone, onde quatorze lobos canadenses foram liberados em 1995, no meio da maior população de cervos canadenses e búfalos do país. Lobos canadenses em migração começaram a aparecer em Montana por conta própria. Entre 1995 e 1996, mais 52 lobos foram soltos em Idaho e Wyoming. Em 2002, cerca de setecentos lobos viviam na região norte das Montanhas Rochosas. Em geral, os fazendeiros seguem insatisfeitos, por mais que sejam monetariamente recompensados por baixas em seus rebanhos e que os lobos responsáveis por essas perdas sejam realocados ou mesmo mortos pelo Serviço de Administração da Vida Selvagem do Departamento do Interior. De acordo com um relatório feito por Jim Robbins para o *The New York Times*, em 17 de dezembro de 2002, 20% dos lobos monitorados de perto usam coleiras eletrônicas. O número de coiotes diminuiu; os lobos os matam. O número de cervos canadenses também diminuiu. O que deixa caçadores insatisfeitos, mas agrada ecologistas preocupados com os danos causados pela presença de herbívoros sem predadores. Turistas – e os negócios que prestam serviços a eles – estão bastante felizes. Mais de 100 mil avistamentos de lobos por turistas foram registrados em safáris no vale Lamar, em Wyoming. Nenhum turista foi morto, mas números nacionais do ano de 2002 mostram que duzentas vacas, quinhentas ovelhas, sete lhamas, um cavalo e 43 cachorros foram. Quem eram esses 43 cachorros?

Alguns deles eram cães dos Pirineus despreparados. O Departamento do Interior colocou lobos no Parque de Yellowstone contra a vontade dos fazendeiros; sem coordenação com o Departamento de Agricultura e com o trabalho com CGRs em Idaho; e imagino que sem mesmo cogitar entrar em contato com criadores de cães dos Pirineus experientes, que por sinal também são mulheres de meia-idade brancas que exibem seus belos cachorros em *shows* de conformação. Os departamentos do Interior e da Agricultura estão separados por um abismo no que diz respeito à cultura tecnocientífica. Os lobos ultrapassaram os limites do parque. Lobos, rebanhos e cachorros foram mortos, talvez sem necessidade. A guarda florestal da região já matou mais de 125 lobos fora desse limite; fazendeiros, ilegalmente, já mataram pelo menos mais algumas dúzias. Pessoas que trabalham com a preservação da vida selvagem, turistas, fazendeiros, burocratas e comunidades inteiras se polarizaram, talvez sem necessidade. Era necessário, desde o princípio, que melhores relações de espécies companheiras fossem formadas entre todos, humanos e não humanos. Cachorros são sociáveis e territorialistas; lobos também. CGRs experientes, em grupos já estabelecidos e grandes o suficiente, podem ser capazes de evitar a entrada de lobos cinzentos no rebanho. Mas trazer cães dos Pirineus para esse espaço depois que os lobos já se instalaram ou usar uns poucos cachorros inexperientes certamente resulta num desastre para ambas as espécies caninas e para um entrelaçamento da fauna nativa e da ética agrícola. O grupo Defenders of Wildlife comprou cães dos Pirineus para fazendeiros que estavam tendo baixas em seus rebanhos por conta de ataques de lobos; os lobos parecem ativamente atraídos pelos cachorros e os matam, por os reconhecerem como competidores intrusos em seu território. Práticas que talvez levassem os lobos a respeitaram cachorros organizados não foram colocadas em andamento; talvez seja tarde demais para que os CGRs sejam atores eficientes nessa emergência dos lobos e nas alianças entre fazendeiros e conservacionistas. Talvez os lobos sirvam como controle de coiotes enquanto os cães dos Pirineus passam a noite protegidos dentro de casa.

Enquanto isso, a ecologia de restauração também permeia a Europa. Nos Pirineus, o governo francês introduziu ursos-pardos-europeus da Eslováquia – onde a indústria turística pós-comunista tem feito muito dinheiro com observação de ursos – para preencher o vazio deixado nesse nicho com a morte dos residentes ursinos anteriores. Os franceses amantes dos cães dos Pirineus, como o criador de cabras Benoit Cockenpot, do kennel clube du Pic de Viscos, trabalham para trazer os cachorros de volta às montanhas para mostrar aos ursos eslávicos a devida ordem pós-moderna das coisas. Esses franceses estão aprendendo sobre o trabalho de CGRs com seus colegas estadunidenses. O governo da França oferece um cão guardião de graça para cada fazendeiro. Mas também há um seguro que reembolsa esses fazendeiros pelas perdas de animais causadas por predadores – e essa acaba sendo uma opção mais atrativa que cuidar diariamente de cachorros. Os cães guardiões têm mais dificuldade de competir com a indústria do seguro do que de repelir ursos.

Longe da conservação multiespécie e das políticas agrícolas, os cães dos Pirineus nunca deixaram de ser excelentes em competições caninas e como animais de estimação. Entretanto, sua expansão numérica, tanto como trabalhadores quanto como animais de estimação, significou uma perda considerável de controle para os clubes de raças. Mais ainda, uma perda na construção de uma economia campesina e pastoril viável, enquanto entramos nos infernos e limbos da produção comercial de filhotes e das criações de fundo de quintal. Indiferença quanto à saúde do animal; desconhecimento sobre seu comportamento, socialização e adestramento; e condições cruéis são muito frequentes nesses mercados. Dentro dos clubes de raças, há importantes controvérsias sobre o que constitui uma reprodução responsável, especialmente quando estão em pauta tópicos mais difíceis de digerir, como diversidade genética e genética populacional em cães de raça pura. Uso excessivo de poucos e requisitados machos para reprodução, sigilo sobre os problemas dos cachorros e a cobiça por vitórias nas arenas de competição, às custas de outros valores, são práticas conhecidas por colocar cães em perigo. Muitas pessoas ainda fazem isso. O amor pelos cachorros coíbe tais práticas, e eu conheci muitos desses amantes durante minhas pesquisas. Essas pessoas vão fundo em seus estudos e se tornam especialistas em todos os mundos habitados por seus cachorros – fazendas, laboratórios, competições, lares, e onde for. Quero que esse amor floresça; esse é um dos motivos pelos quais escrevo.

— Pastor-australiano

A raça pastoril conhecida nos Estados Unidos como pastor--australiano, ou *aussie*, vem acompanhada de tantas complexidades quanto os cães de montanha dos Pirineus; abordo, aqui, apenas algumas. Meu argumento é simples: conhecer e viver com esses cachorros significa herdar todas as suas condições de possibilidade, tudo que atualiza uma relação com esses seres, todas as preensões que constituem espécies companheiras. Estar apaixonado significa estar no mundo, estar em conexão com a alteridade significativa e com outros que significam, em diversas escalas, em camadas de locais e globais, em teias que se ramificam. Preciso saber como viver com as histórias que agora conheço.

Se há alguma certeza sobre as origens do pastor-australiano é que ninguém sabe como o nome surgiu e ninguém conhece todos os tipos de cães ligados à ancestralidade desses pastores talentosos. Talvez a coisa mais certa é que esses animais deveriam se chamar "cachorros de fazenda do oeste estadunidense". Não "americano", e sim "estadunidense". Explico porque isso é importante, já que a maioria (mas com certeza não a totalidade) dos ascendentes da raça são possivelmente variações do tipo *collie* que emigraram junto de britânicos para a costa leste da América do Norte, desde os primeiros anos do período colonial. A Corrida do Ouro da Califórnia e as consequências da Guerra Civil são pontos-chave para minha história nacional regionalizada. Esses eventos épicos incorporaram o Oeste norte-americano aos Estados Unidos. Não quero herdar essas histórias violentas toda vez que Cayenne, Roland e eu corremos em nossos circuitos de *agility* e realizamos nossos encontros orais; é por isso que preciso contá-las. Espécies companheiras não podem ter amnésias evolutiva, pessoal ou histórica. A amnésia corrompe signo e carne e transforma o amor em um sentimento mesquinho. Se eu contar a história da Corrida do Ouro e da Guerra Civil, talvez possa lembrar das outras histórias sobre cachorros e suas pessoas – histórias sobre imigração, mundos indígenas, trabalho, esperança, amor, jogos e a possibilidade de coabitação por meio da reconsideração da soberania e do desenvolvimento ecológico das naturezas-culturas.

 Histórias românticas sobre a origem dos pastores--australianos sempre têm pastores bascos do fim do século XIX e início do XX trazendo seus pequenos cães de pelo merle azulado junto de si, nas áreas inferiores dos navios, enquanto migravam –peregrinando pela Austrália, pastoreando ovelhas merino desde a Espanha – para as fazendas da Califórnia e de Nevada, com o propósito de cuidar das ovelhas de um oeste pastoril atemporal. Dizer que eles estavam nas áreas inferiores dos navios já dá conta de explicar as condições em que esses pastores viajavam; homens pobres da classe trabalhadora não tinham como levar seus cachorros para a Austrália ou para a Califórnia. Além disso, os bascos não imigraram para a Austrália para se tornarem pastores, e sim para trabalhar em plantações de cana-de-açúcar; e essa migração basca aconteceu somente a partir do século XX. Sem ter exatamente um histórico como pastores de ovelhas, os bascos vieram para a Califórnia no século XIX, por vezes via América do Sul e México, juntos de outros milhões de pessoas em busca de ouro, mas acabaram no trabalho pastoril para alimentar outros mineiros decepcionados. Os bascos também abriram ótimos restaurantes, especialistas em pratos com cordeiro, no estado de Nevada, no lugar onde, depois da Segunda Guerra Mundial, instalou-se um sistema interestadual de rodovias. Os cachorros dos bascos são descendentes dos cães pastores que trabalhavam nas fazendas do entorno e que já eram, no mínimo, muito misturados.

As missões espanholas promoveram a criação de ovelhas como forma de "civilizar" povos indígenas nativos; mas na versão *on-line* da história dos *aussies* que Linda Rorem conta, ela aponta que, por volta de 1840, o número de ovelhas (e de nativos) no extremo oeste tinha caído drasticamente. A descoberta do ouro mudou radical e permanentemente a economia alimentar, a política e a ecologia da região. Grandes rebanhos de ovelhas foram transportados da costa leste, navegando em volta do Horn; do meio-oeste e do Novo México por estradas; e, por navio, daquela colônia de povoamento branca e "próxima" com uma economia pastoril colonial – a Austrália. Muitas dessas ovelhas eram do tipo merino, originalmente espanholas, mas que tinham sido levadas à Austrália por mãos alemãs, depois de terem sido dadas como um presente do rei espanhol para a Saxônia, que desenvolveu um próspero comércio colonial de exportação de ovelhas.

O que a Corrida do Ouro iniciou foi arrematado pelas marcas da Guerra Civil, com seu intenso fluxo de colonos anglo-americanos (e alguns afro-americanos) em direção ao oeste e a destruição e contenção militares de povos nativos, além da consolidação de terras expropriadas de mexicanos, californianos e indígenas.

Todos esses fluxos de ovelhas implicaram fluxos de seus cães pastores. Esses não eram os cães guardiões das antigas economias pastoris da Eurásia, com suas rotas comerciais estabelecidas, pastagens sazonais e ursos e lobos locais – que estavam, de todo modo, com população muito reduzida. As colônias de povoamento na Austrália e nos Estados Unidos adotaram uma atitude ainda mais agressiva em relação aos predadores naturais – construindo cercas em volta da maior porção de Queensland para manter dingos afastados; prendendo, envenenando e atirando contra qualquer animal com dentes grandes que andasse sobre as terras do oeste estadunidense. Cães guardiões só aparecem na economia ovina do oeste dos Estados Unidos depois que essas práticas se tornaram ilegais no estranho tempo dos movimentos efetivos de preservação ambiental.

Os cães pastores que acompanharam as ovelhas imigrantes vindas tanto da costa leste quanto da Austrália eram majoritariamente exemplares dos antigos trabalhadores de tipos *collie* e pastor. Esses cachorros eram fortes e multifuncionais, com um "olhar frouxo" e uma postura de trabalho exemplar – não eram cães com uma predisposição para competições de pastoreio, como o *border collie* de olhos atentos e um rastejar firme – a partir dos quais muitas raças de kennel clubes são derivadas. Entre os cachorros vindos da Austrália para o oeste dos Estados Unidos, estavam os "*coulies* alemães" de pelagem normalmente merle, que parecem muito com os modernos pastores-australianos. Esses animais eram derivações britânicas de *collies* que trabalhavam no pasto, chamados de "alemão" porque colonos alemães viviam nas áreas australianas onde era comum ver esse tipo de cachorro. Os cães que se parecem com os pastores-australianos contemporâneos provavelmente ganharam seu nome em associação com os rebanhos que chegavam em navios vindos da região da Austrália e

Nova Zelândia, independentemente de terem chegado nesses navios ou não. Ou, ainda, associados a cachorros imigrantes que chegaram mais tarde, esses tipos talvez tenham começado a ser chamados de "pastores-australianos" na época da Primeira Guerra Mundial. Registros escritos são escassos. E por muito tempo não houve uma "raça pura".

No entanto, por volta dos anos 1940, linhagens identificáveis se desenvolveram na Califórnia, Washington, Oregon, Colorado e Arizona, que, a partir de 1956, foram registradas como pastores-australianos. Processos de registro não eram comuns até a metade final dos anos 1970. A gama de tipos ainda era ampla, e estilos de cachorro eram associados a certas famílias e fazendas. Curiosamente, Jay Sisler, um artista de rodeio do estado de Idaho, é parte da história da transformação de um tipo de cachorro nessa raça contemporânea que tem seus clubes e suas políticas. Por mais de vinte anos, os "cachorros azuis" de Sisler eram populares por suas apresentações de truques em rodeios. Ele conhecia os progenitores da maioria de seus cachorros, mas isso foi o mais fundo que a genealogia chegou em um primeiro momento. Sisler conseguiu esses animais em diferentes fazendas, e os pastores-australianos de várias delas se tornaram a base da raça. Entre os 1.371 cachorros identificados, dentro de 2.046 ascendentes, em uma linhagem de dez gerações, consigo contar sete cachorros de Sisler na família da minha Cayenne. (Muitos com nomes como "cão de rancho avermelhado" ou "cão azul", 6.170 de um universo de mais de um milhão de ancestrais são conhecidos em sua árvore genealógica de vinte gerações; temos alguns espaços não preenchidos).

    Sisler, que seria um treinador incrível aos olhos de Vicki Hearne, considerava Keno, que ele adotou por volta de 1945, seu primeiro cachorro realmente bom. Keno deixou descendentes que mais tarde compuseram a raça; mas o cachorro de Sisler

97 — O manifesto das espécies companheiras

que causou maior impacto (em porcentagem de ancestralidade) na população atual de pastores-australianos foi John, um cão com antecedentes desconhecidos, que uma vez entrou por acaso na fazenda de Sisler e nas linhagens registradas. Existem muitas histórias como essa sobre os primeiros cachorros de uma raça. Todas elas poderiam ser um microcosmo para pensarmos sobre espécies companheiras e a invenção na carne, assim como no texto, da tradição.

O primeiro clube de pastores-australianos, o Australian Shepherd Club of America (ASCA) [Clube de Pastores-Australianos da América], foi fundado em 1957, em Tucson, por um pequeno grupo de entusiastas. O ASCA escreveu um padrão preliminar para a raça em 1961 e um definitivo, em 1977. Eles começaram a registrar animais em 1971. Formado em 1969, o Comitê de Cães de Rebanho do ASCA organizou competições de pastoreio; e cachorros que trabalhavam nas fazendas começaram a passar por uma reeducação para as provas. Competições de conformação e outros eventos se tornaram populares, e um considerável número de donos de pastores-australianos passaram a ver uma afiliação ao American Kennel Club (AKC) como o próximo passo a ser tomado pela comunidade. Outra parcela dessas mesmas pessoas enxergavam o reconhecimento do AKC como o caminho para a perdição de qualquer raça trabalhadora. Os favoráveis ao AKC se desvincularam do ASCA para criar seu próprio clube, o United States Australian Shepherd Association (USASA) [Associação de Pastores-Australianos dos Estados Unidos] – que foi integralmente reconhecido pelo AKC em 1993.

 Todo o aparato biossocial das raças modernas emerge: ativistas, experientes mas leigos, da saúde e genética; cientistas pesquisando doenças comuns na raça e talvez criando empresas para comercializar os produtos biomédicos veterinários resultantes dessas pesquisas; pequenos negócios tendo pastores-australianos como temática; atletas apaixonados pelos cães no *agility* e na obediência; cães, suburbanos e de fazendas, que participam de competições de pastoreio; cães que trabalham com busca e resgate; terapia com cães; criadores comprometidos em manter o cachorro versátil que herdaram; outros criadores apaixonados por cães de grande porte que ainda não tiveram seu talento para o pastoreio testado; e muito mais. C.A. Sharp, com o *Double Helix Network News*, seu boletim informativo feito em casa, e o Australian Shepherd Health & Genetics Institute [Instituto de Saúde e Genética dos Pastores-Australianos], que ela ajudou a fundar – isso sem mencionar sua reflexão acerca das próprias práticas como criadora e a adoção, depois da morte de seu último cachorro de criação, de um pastor-australiano resgatado da rua e pequeno demais –, encarna, na minha opinião, uma prática de amor que leva em conta as complexidades históricas da raça amada.

    Os criadores de Cayenne, Gayle e Shannon Oxford, do Central Valley na Califórnia, são ativos tanto na USASA quanto na ASCA. Comprometidos com a criação e o adestramento de cães pastores para o trabalho com rebanhos e também para participar de provas de *agility* e conformação, os Oxford me ensinaram sobre o "pastor-australiano versátil", que eu vejo como análogo ao que as pessoas que têm cães dos Pirineus chamam de "cachorro multifuncional" ou "cachorro integral". Essas expressões servem para prevenir que as raças sejam divididas em fundos genéticos cada vez mais isolados, cada um dedicado ao objetivo limitado de um especialista, quer seja para a participação no *agility*, para a beleza ou alguma outra coisa. O teste fundamental de um pastor-australiano, entretanto, continua sendo a capacidade de pastorear com perfeita habilidade. Se a "versatilidade" não começa aí, a raça trabalhadora não sobreviverá.

O cachorro Dogon Grit, de Beret, vencendo o título High in Sheep na final do Australian Shepherd Club of America National Stock Dog de 2002, Bakersfield, Califórnia. Imagem cedida por Gayle Oxford, Glo Photo.

— Uma categoria só sua

Qualquer pessoa que tenha feito pesquisa histórica sabe que o não documentado tem muito a dizer sobre a organização do mundo; muitas vezes mais que as coisas com linhagens bem definidas. O que as relações contemporâneas de espécies companheiras entre humanos e cães "não registrados" na tecnocultura nos diz sobre herdar – ou talvez melhor, habitar – histórias e forjar novas possibilidades? Esses são os cachorros que precisam de "Uma categoria só sua", em homenagem à Virginia Woolf. Autora do famoso ensaio feminista *Um quarto só seu*, Woolf entendeu o que acontece quando o impuro atravessa o quintal do devidamente registrado. Ela também entendeu o que acontece quando esses seres marcados (e marcadores) têm credenciais e uma renda.

Escândalos genéricos chamam minha atenção, especialmente aqueles que exalam sexo racializado e raça sexualizada de todas as espécies envolvidas. Como eu deveria chamar os cachorros não fixados em uma categoria, mesmo que eu esteja pensando apenas a partir da América? Vira-latas, mestiços, americanos, cães de raça aleatória,cães sem raça definida (SRD), cães de raça mista, ou simplesmente cães? E por que categorias para cachorros, na América, devem ser palavras em inglês? Não apenas "as Américas", mas também os Estados Unidos constituem um mundo bastante poliglota. Anteriormente, quando estava concentrada em cães de montanha dos Pirineus e pastores-australianos, tive que indicar, por meio de algumas histórias de cachorros peludos, os desafios de se herdar histórias locais e globais nas raças modernas. Da mesma maneira, não tenho como ir a fundo nas histórias de todos os cachorros que não se encaixam em um tipo funcional nem em uma raça institucionalizada. Sendo assim, ofereço apenas uma história, mas uma história que se ramifica em direção às teias da complexidade mundana a cada vez que é contada. Conto sobre os *satos*.

*Sato* é uma gíria porto-riquenha que significa cachorro de rua. Aprendi isso em dois lugares: na internet, no site www.saveasato.org, e no comovente artigo de Twig Mowatt, publicado na edição do outono de 2002 da revista canina *Bark*. Ambos me levaram diretamente às naturezas-culturas envolvidas naquilo que é educadamente chamado de "modernização". *Sato* é praticamente a única palavra da língua espanhola que aprendi nesses lugares; isso me orientou na direção do tráfego semiótico e material presentes nessa zona da cachorrolândia. Eu também descobri que se atribui certo valor à palavra *sato* – em convenções lexicais e investimentos monetários – no processo de mudança das ruas impiedosas do "mundo em desenvolvimento" do sul para as "casas para a vida inteira" do norte iluminado.

Tão importante quanto, aprendi que sou interpelada por esta história, mental e emocionalmente. Chamar atenção para suas estruturas e tons coloniais, tingidos racialmente, infundidos sexualmente e saturados de classe, não é renegá-la. Repetidamente, em meu manifesto, eu e meus entusiastas de cães precisamos aprender a habitar histórias, e não renegá-las, muito menos com truques baratos da crítica puritana. Na história do *sato*, existem dois tipos de tentações superficialmente opostas a esse tipo de crítica. A primeira é ceder ao sentimentalismo colonialista que enxerga o tráfego de cachorros das ruas de Porto Rico para abrigos de animais como uma política de não praticar eutanásia nos Estados Unidos, e deles para casas decentes, apenas uma dimensão salvadora filantrópica (filocanídea?) de seres abusados. A segunda é engajar-se em análises histórico-estruturais que negam laços emocionais e complexidades materiais, evitando a sempre bagunçada participação em ações que podem melhorar vidas cruzando muitos tipos de diferença.

Cerca de 10 mil cachorros porto-riquenhos foram transferidos da vida nas ruas para casas em subúrbios estadunidenses desde 1996, quando Chantal Robles de San Juan, que trabalhava em uma companhia aérea, se juntou a Karen Fehrenbach, do Arkansas, que estava visitando a ilha, para criar a Save-a-Sato Foundation [Fundação Salve-um-*Sato*]. Os fatos que as levaram a tomar essa atitude são cáusticos. Milhões de cães famintos, férteis e usualmente doentes vivem em busca de comida e abrigo nos bairros pobres de Porto Rico, bem como em canteiros de obras, depósitos de lixo, postos de gasolina, estacionamentos de redes de *fast-food* e áreas de venda de drogas. Os cachorros são rurais e urbanos, grandes e pequenos, reconhecidamente de uma raça institucionalizada e evidentemente sem raça nenhuma. A maioria deles é jovem – cães de rua não costumam ficar muito velhos; e há muitos filhotes, abandonados pelas pessoas e nascidos de cadelas de rua. A maioria dos abrigos oficiais para animais em Porto Rico matam os cachorros e gatos que são entregues a eles ou que são coletados em suas varreduras. Algumas vezes, esses animais recolhidos têm donos e recebem cuidados; mas eles vivem soltos, vulneráveis a queixas e ações oficiais. As condições dos abrigos municipais servem de roteiro para um *show* de horrores do ponto de vista dos direitos dos animais. Em Porto Rico, diversos cachorros de todos os tipos recebem, é claro, bons cuidados. Os pobres, assim como os ricos, cuidam de seus animais. Mas se alguém vai abandonar um cachorro, isso costuma ser feito deixando-o nas ruas, em vez de levar o animal para um "abrigo" mal-administrado e despreparado que provavelmente vai matá-lo. Além disso, uma ética do bem-estar animal – fundamentada em certa posição de classe, nação e cultura – que promove a esterilização de cães e gatos não é comum em Porto Rico (nem em grande parte da Europa assim como em muitos lugares nos Estados Unidos). Esterilização obrigatória e controle reprodutivo têm uma história cheia de altos e baixos no país, mesmo quando se evocam apenas memórias sobre políticas que concernem espécies não humanas. No mínimo, a noção de que um cachorro só é adequado quando é estéril – exceto quando se fala daqueles sob cuidados de criadores responsáveis (na visão de quem?) – nos conduz com toda força ao mundo do biopoder e seu aparato técnico-cultural, presentes na metrópole e nas colônias. Porto Rico é ao mesmo tempo metrópole e colônia.

Nada disso apaga o fato de que cachorros de rua férteis cruzam, têm um monte de filhotes que não conseguem alimentar e morrem, em grandes números, de doenças terríveis e com muitas dores. Essa não é apenas uma narrativa. Para piorar a situação, Porto Rico está tão cheio quanto os Estados Unidos de pessoas debilitadas e abusivas, de todas as classes sociais, que infligem lesões mentais e físicas terríveis em animais, tanto deliberadamente quanto por indiferença. Animais desabrigados, assim como pessoas desabrigadas, estão vulneráveis a tudo em áreas de livre-comércio – ou melhor, áreas de risco.

As medidas tomadas por Robles, Fehrenbach e seus apoiadores, para mim, são tão inspiradoras quanto perturbadoras. Elas fundaram e administram um abrigo privado em San Juan, que funciona como um lar temporário para cachorros que serão, em sua maioria, adotados internacionalmente. (Mas Porto Rico é parte dos Estados Unidos, não?) A demanda por esses cachorros em Porto Rico é pequena; esse não é um fato natural, mas biopolítico. Qualquer um que tenha refletido sobre a adoção internacional de pessoas sabe disso. A Save-a-Sato Foundation arrecada dinheiro, treina voluntários para levarem cães (e alguns gatos) para o abrigo sem traumatizá-los ainda mais, se associa a veterinários porto-riquenhos que tratam e esterilizam os animais de graça, ensina aos futuros adotados os devidos modos para se viver no norte, prepara suas documentações e trabalha com linhas aéreas que transportam cerca de trinta cachorros por semana em voos comerciais que os levam para uma rede de abrigos que não praticam eutanásia em diversos estados, a maioria no nordeste do país. Após o 11 de setembro, turistas que estão saindo de San Juan são recrutados para declarar as caixas de transportes dos cachorros imigrantes como suas bagagens pessoais, para que o aparato antiterrorista não acabe com a linha de resgate estabelecida pela fundação.

A Save-a-Sato tem um *site* em inglês que fornece informação a adotantes em potencial e liga grupos de ajuda às pessoas que adotam os cachorros – no linguajar do *site*, suas "famílias para a vida inteira". O *site* é cheio de relatos de adoções bem-sucedidas, histórias de horror sobre etapas pré-adoção, fotos de antes e depois, convites para agir e para contribuir com dinheiro, informações sobre como encontrar um *sato* para adotar e *links* úteis para estar em contato com a cultura virtual da cachorrolândia.

Uma pessoa em Porto Rico pode se tornar membro da fundação resgatando pelo menos cinco cachorros por mês. Os voluntários normalmente arcam com os custos dos resgates. Eles encontram, alimentam e acalmam os cães antes de colocá-los em caixas de transporte e levá-los para o lar temporário. Filhotes e cães mais jovens são a prioridade, mas não são os únicos resgatados. Cães que estão doentes demais para se recuperar passam por uma eutanásia, mas muitos cachorros gravemente machucados e doentes se recuperam e são alocados em alguma casa. Todo tipo de pessoa torna-se voluntário. O *site* nos conta de uma mulher idosa aposentada, que estava ela mesma quase desabrigada, que recrutava pessoas em situação de rua para acalmar e coletar cachorros, e para cada uma ela pagava cinco dólares tirados da sua renda escassa. Mesmo sabendo da função de uma história assim, sua potência – ou verdade – não é apagada. As fotos no *site* parecem ser majoritariamente de mulheres porto-riquenhas de classe média, mas a heterogeneidade da instituição não é reservada apenas para os cachorros.

O avião é um instrumento dentro de uma série de tecnologias de transformação de sujeitos. Os cachorros que saem da barriga do avião estão sujeitos a um contrato social diferente daquele em que estavam envolvidos no lugar onde nasceram. Entretanto, não é qualquer vira-lata porto-riquenho que ganha a chance de um segundo nascimento nesse útero de alumínio. Cães pequenos, como garotas entre humanos, são as estrelas do mercado de adoção. O medo estadunidense da agressão pelo Outro não tem muitos limites, e certamente nenhum limite de espécie ou sexo. Para desenvolver melhor essa ideia, precisamos ir do aeroporto para um abrigo excelente em Sterling, no estado de Massachusetts, que conseguiu uma casa para mais de 2 mil *satos* (e cerca de cem gatos) desde que se juntou ao programa em 1999. Mais uma vez, encontro-me na exuberante cultura virtual da cachorrolândia (www.sterlingshelter.org). Abrigos de animais no nordeste dos Estados Unidos, em geral, têm poucos cachorros que pesem entre 4 kg e 16 kg para atender a demanda. Ser dono (ou guardião) de um cachorro de porte médio, esterilizado, comportado e que tenha sido resgatado confere um alto *status* em quase todo canto da cachorrolândia estadunidense. Parte disso está em um orgulho pessoal por não sucumbir aos discursos eugênicos que continuam a grassar nos mundos de cães de raça pura. Mas a adoção de um cachorro de rua ou abandonado, seja ele vira-lata ou não, dificilmente remove as pessoas dos esgotos das ideologias de "melhoramento" fundamentadas em certas noções de classe e cultura, das biopolíticas familiares e modas pedagógicas. Na verdade, a eugenia e os outros discursos sobre melhorias, presentes na vida "moderna", têm tantos ancestrais comuns (e irmãos vivos) que o coeficiente de endogamia excede até mesmo o de uniões de pai e filha.

Adotar um cachorro de abrigo é muito trabalhoso, demanda uma quantia razoável de dinheiro (mas não mais do que custa preparar esses cachorros) e uma disposição de se submeter a um aparato governamental que ataca as alergias de qualquer foucaultiano ou libertário comum. Eu apoio esse aparato – e muitos outros tipos de poder institucionalizado – quando eles protegem certas classes de sujeitos, inclusive cachorros. Também apoio, vigorosamente, a adoção de animais resgatados e que vivem em abrigos. Assim, minha indigestão ao reconhecer de onde tudo isso vem terá que ser suportada, e não aliviada.

Bons abrigos recebem muitos pedidos por cães *sato*. Adotar um desses cachorros evita a compra em lojas de animais de estimação e, consequentemente, não dá apoio a essa indústria de cães. O Sterling nos conta que 99% dos filhotes dos Estados Unidos que chegam ao abrigo são cães de porte médio para grande; e todos são adotados. Muitos filhotes e cães jovens de grande porte chegam ao paradisíaco Sterling por intermédio do Homebound Hounds Program [Programa Cães a Caminho de Casa], que importa para o nordeste do país cachorros abandonados que foram resgatados por abrigos associados no sul estadunidense – outro lugar do mundo onde uma ética de esterilização de cães e gatos é incerta, para dizer o mínimo. Ainda assim, pessoas que procuram por cachorros de menor porte em abrigos normalmente estão sem sorte no mercado doméstico. As estratégias de alargamento de suas famílias precisam de diferentes camadas de locais e globais. Entretanto, assim como acontece com adoções internacionais de crianças, não é fácil conseguir um cachorro importado. Entrevistas e formulários detalhados, visitas, referências feitas por amigos e veterinários, compromisso com educar o cão devidamente, aconselhamento de adestradores do local, comprovação de residência fixa – detenção de propriedade ou documento do proprietário da casa que confirma a possibilidade de se ter um animal de estimação no local – e, por último, longas filas de espera; tudo isso, e mais, é normal. O que se busca é um lar permanente para os cachorros.

Isso é feito por meio de um aparato de produção de parentesco que se molda a partir da história da "família" de todos os jeitos imagináveis, literalmente. Prova da eficácia desse aparato produtor de espécies companheiras e famílias pode ser encontrada em uma pequena análise de narrativa. Histórias de adoções bem-sucedidas geralmente se referem aos irmãos e outros parentes multiespécie como mãe, pai, irmã, irmão, tia, tio, prima, padrinho etc. As histórias de adoção de cães de raça pura apontam para o mesmo lugar; e esses processos de adoção/propriedade envolvem muitos dos mesmos instrumentos documentais e sociais, antes que uma pessoa seja considerada qualificada para ter um cachorro. É quase impossível – e geralmente irrelevante – concluir, a partir das histórias, de que espécie se está falando. Um pássaro de estimação é irmão do cachorro novo, e os adultos da casa são mães e/ou pais tanto do irmão-bebê humano quanto da tia-gata mais velha. A heterossexualidade não é pertinente; a heteroespecificidade é.

Eu me recuso a ser chamada de "mãe" dos meus cachorros porque temo a infantilização desses caninos adultos e o apagamento do importante fato de que eu queria cachorros, não bebês. Minha família multiespécie não é feita de suplentes e substitutos; estamos tentando viver outros tropos, outros metaplasmos. Precisamos de outros substantivos e pronomes para os tipos de parentesco que se estabelecem entre espécies companheiras, assim como precisávamos (e ainda precisamos) de outros substantivos e pronomes para o espectro de gêneros. Exceto em convites para festas ou discussões filosóficas, *outro significativo* não serve para falar de parceiros sexuais humanos; e serve menos ainda para abrigar os significados diários das relações de parentesco improvisadas na cachorrolândia.

Mas talvez eu me preocupe demais com palavras. Tenho que admitir que não está claro se as expressões de parentesco convencionais usadas na cachorrolândia estadunidense fazem referência à idade, espécie ou *status* reprodutivo biológico (exceto para exigir que a maioria dos não humanos sejam estéreis). Genes não são o principal, e isso com certeza é um alívio. O principal é a produção de espécies companheiras. Tudo está em família; na alegria e na tristeza, até que a morte nos separe. Essa é uma família que se produz na barriga do monstro, a partir de histórias herdadas, que precisam ser habitadas para serem transformadas. Eu sempre soube que, se engravidasse, queria que o ser na minha barriga fosse de outra espécie; talvez essa seja a realidade geral. Dentro ou fora do tráfego da adoção internacional, não são apenas os vira-latas que buscam, na alteridade significativa, uma categoria só sua. Anseio por muito mais reflexões na cachorrolândia sobre o que significa herdar o legado multiespécie e implacavelmente complexo que atravessa as escalas de tempo evolutivo, pessoal e histórico das espécies companheiras. Cada raça registrada, até mesmo cada cachorro, está imerso em práticas e histórias que podem – e devem – amarrar pessoas que têm cachorros em uma miríade de histórias sobre trabalho vivo, formação de classes, elaborações de gênero e sexualidade, categorias raciais e outras camadas de locais e globais. A maioria dos cachorros na Terra não faz parte de uma raça institucionalizada. Cães comunitários e cachorros de rua em espaços rurais ou urbanos têm sua própria maneira de estabelecer parcerias com as pessoas que vivem à sua volta, e não apenas com pessoas como eu. Os vira-latas e os chamados "cães sem raça definida", no "mundo desenvolvido", não são como os tipos funcionais de cachorros que surgiram em economias e ecologias que não florescem mais. Os cachorros de rua porto-riquenhos – os *satos* – tornam-se parte de "famílias para toda a vida" em Massachusetts, imbricados em histórias de uma complexidade impressionante e cheias de consequências. Nas naturezas-culturas de hoje, as raças talvez se façam necessárias, ainda que profundamente falhas, para dar continuidade aos cachorros de tipos úteis dos quais estas raças se originaram. Fazendeiros dos Estados Unidos, hoje em dia, temem mais o mercado imobiliário em desenvolvimento de São Francisco e Denver do que lobos; não importa quão longe eles estejam dos parques, ou dos povos nativos, não importa quão eficientes sejam seus advogados.

Em minha própria natureza-cultura histórica pessoal, sei na minha carne que a comunidade dos cães dos Pirineus e pastores-australianos, majoritariamente composta por pessoas brancas de classe média, tem uma ainda não articulada responsabilidade de participar da reimaginação de ecologias dos pastos e de modos de vida que foram devastadas em boa parte pelas próprias práticas agropecuárias que precisavam do trabalho desses cachorros. E por seus cachorros, pessoas como eu estão ligadas aos direitos da soberania indígena, à sobrevivência ecológica e econômica das fazendas, à reforma radical do complexo industrial da carne, à justiça racial, às consequências das guerras e migrações e às instituições de tecnocultura. Nas palavras de Helen Verran, é sobre "seguir juntos". Quando Cayenne, de "raça pura", Roland, de "raça mista", e eu nos tocamos, incorporamos em nossa carne as conexões dos cachorros e das pessoas que tornaram possível nossa existência. Quando faço carinho em Willem, o sensual cão dos Pirineus de Susan Caudill, minha vizinha, também toco os lobos cinzentos canadenses realocados, os ursos luxuosos da Eslováquia, a ecologia restaurativa internacional, as competições caninas e as economias pastoris multinacionais. Junto do cachorro integral, precisamos do legado integral, que é o que, no fim das contas, torna possível as espécies companheiras integrais. Não por acaso, todos esses "integrais" são nós não euclidianos[44] de conexões parciais. Habitando esse legado sem uma pretensão de inocência, talvez recebamos a graça criativa do jogo.

---

44 Geometria não euclidiana se refere a uma série de geometrias obtidas pela adaptação ou substituição dos postulados da geometria euclidiana. Por mais de 2 mil anos, toda geometria podia ser descrita como euclidiana, mas, desde o fim do século XIX, uma série de outras geometrias foram propostas, descrevendo outras espacialidades. (N.R.T.)

Willem e Cayenne brincam, na primavera de 2000. Foto feita pela autora.

— A partir de "Notas da filha de um jornalista esportivo", junho de 2000

A srta. Cayenne Pepper por fim mostrou o verdadeiro ser de sua espécie.[45] Ela é uma Klingon fêmea no cio. Talvez você não assista TV o suficiente ou talvez não seja fã de *Star Trek* como eu, mas as Klingon fêmeas são seres sexuais formidáveis e de gostos ferozes – e eu lhe garanto que isso é de conhecimento de todos nos planetas federados. Nosso cão dos Pirineus vizinho, o intocado Willem de 20 meses de idade, é companheiro de brincadeiras de Cayenne desde que ambos eram filhotes, por

45 O termo no original é *"species being"*. A frase é uma brincadeira com o conceito de *Gattungswesen*, de Karl Marx, geralmente traduzido em inglês por *species being* ou *species essence* e, em português, por "ser genérico". (N.R.T.)

volta dos 4 meses. Cayenne foi castrada quando tinha 6 meses e meio. Ela sempre se esfrega alegremente pelas costas macias e convidativas de Willem, começando pela cabeça, com seu nariz apontado para o rabo dele, enquanto ele está deitado no chão tentando morder a perna dela ou lamber a área genital que rapidamente passa pelo seu campo de percepção. Mas durante o feriado do Memorial Day, quando passamos um fim de semana em Healdsburg, Califórnia, as coisas esquentaram consideravelmente. Willem é um macho adolescente com tesão, gentil e totalmente inexperiente. Cayenne não tem um único hormônio do estro[46] em seu corpo (mas não nos esqueçamos dos muito presentes córtices suprarrenais, que liberam os chamados andrógenos, aos quais a produção do desejo mamífero em machos e fêmeas deve muito). Ela é, no entanto, uma cadelinha excitada quando está com Willem, e ele tem INTERESSE nela. Ela não fica assim com nenhum outro cachorro, "intocado" ou não. Nenhuma parte da interação sexual entre os dois tem qualquer coisa a ver com um comportamento reprodutivo heterossexual remotamente funcional – não há esforços de Willem para montar nela, exibição de uma parte traseira feminina atraente, farejadas na área genital, não há gemidos e certo ritmo nos movimentos, nada dessa dinâmica reprodutiva. Não, aqui temos pura perversidade polimorfa que é tão cara aos corações de todos nós que chegamos à vida adulta nos anos 1960 lendo Norman O. Brown.[47]

46 O ciclo estral ou estro está ligado aos ciclos reprodutivos da maioria dos mamíferos do sexo feminino e envolve uma série de hormônios, como o estrogênio e a progesterona. (N.R.T.)

47 Norman Oliver Brown (1913–2002) foi um filósofo, escritor e clacissista. *Love's Body*, publicado em 1966, fez sucesso entre estudantes e movimentos alternativos da época. A obra explora as relações entre psicanálise, filosofia e teoria política, abordando o tema da sexualidade. (N.R.T.)

Willem deita com seus quase 50 kg com os olhos brilhando. Cayenne, com seus quase 16 kg, parece positivamente enlouquecida enquanto encaixa sua área genital no topo da cabeça dele, seu nariz apontando na direção do rabo de Willem, ela faz força para baixo e sacode vigorosamente suas costas. Tudo de maneira forte e veloz. Ele tenta com todas as forças alcançar a genitália dela com sua língua, o que inevitavelmente desloca ela do alto de sua cabeça. Parece um pouco com um rodeio, com ela montada num cavalo tentando se manter assim pelo maior tempo possível. Eles têm objetivos levemente diferentes nesse jogo, mas ambos estão comprometidos com a atividade. Parece eros, para mim. Com certeza não é ágape. Eles fazem isso por cerca de três minutos, enquanto ignoram qualquer outra atividade. Depois eles voltam para outra rodada. E mais outra. Minha risada ou de Susan, não importa se estridente ou discreta, não merece a atenção deles. Cayenne rosna como uma Klingon fêmea durante a atividade, os dentes à mostra. Lembra quantas vezes a meio-Klingon B'Elanna Torres, em *Star Trek: Voyager*, acaba mandando para a enfermaria Tom Paris, seu amante humano?[48] Cayenne está brincando, mas, meu deus, que brincadeira é essa. Willem está sinceramente ávido. Ele não é um Klingon, mas o que as feministas da minha geração chamariam de um amante atencioso.

A juventude e vitalidade dos dois zomba da hegemonia heterossexual reprodutiva, bem como da abstinência promovida pela remoção das gônadas. Agora, de todas as pessoas,

48 *Star Trek: Voyager* é uma série de televisão da franquia *Star Trek* que foi transmitida entre 1995 e 2001. Em seu universo, há diversas raças alienígenas, entre elas, os Klingon, uma raça de guerreiros com uma cultura baseada no combate e na honra. Os Klingon também são conhecidos pela intensidade, e mesmo brutalidade, de suas relações sexuais. (N.R.T.)

eu, que escrevi livros infames sobre como nós, humanos ocidentais, projetamos nossas ordens sociais e desejos em outros animais, sem o menor escrúpulo, deveria ser mais cuidadosa ao ver uma confirmação do *Love's Body* de Norman O. Brown em minha pastora-australiana castrada e elétrica e o talentoso cão guardião de pasto de Susan e sua língua grande, escorregadia e aveludada. Ainda assim, o que mais poderia estar acontecendo? Uma pista: esse não é um jogo de pegar a bola.

Trata-se de uma coreografia ontológica, que é aquele tipo vital de jogo que os participantes inventam a partir das histórias corporais e mentais que eles herdam e retrabalham nos verbos carnais que os fazem quem são. Eles inventaram esse jogo; o jogo os remodela. Metaplasmo, uma vez mais. Sempre voltamos para o sabor biológico das palavras importantes. A palavra se faz carne nas naturezas-culturas mortais.

— Referências

ACKERLEY, J. R. *My Dog Tulip*. Londres: Secker and Warburg, 1956.
ALTHUSSER, Louis. *Lenin and Philosophy, and Other Essays*. Nova York: Monthly Review Press, 1970.
AUSTRALIAN SHEPHERD CLUB OF AMERICA. *Yearbook 1957-77*. Los Angeles: Australian Shepherd Club of America, 1978.
AUSTRALIAN SHEPHERD CLUB OF AMERICA. *Yearbook 1978-82*. Los Angeles: Australian Shepherd Club of America, 1985.
BLACK, Hal. "Navajo Sheep and Goat Guarding Dogs: A New World Solution to the Coyote Problem." *Rangelands*, vol. 3, nº 6, 1981, p. 235-238.

BROWN, Norman O. *Love's Body*. Nova York: Vintage, 1966.

BUDIANSKY, Stephen. *The Covenant of the Wild: Why Animals Chose Domestication*. Nova York: William Morrow, 1992.

BUTLER, Judith. *Gender Trouble: Feminism and the Subversion of Identity and Bodies*. Nova York: Routledge, 1990. [Ed. bras.: *Problemas de gênero: feminismo e subversão da identidade*. Rio de Janeiro: Civilização Brasileira, 2003].

CLARK, Mary T. (ed.) *An Aquinas Reader: Selections from the Writings of Thomas Aquinas*. Nova York: Fordham University Press, 2000.

COETZEE, J. M. *The Lives of Animals*. Princeton: Princeton University Press, 2001. [Ed. bras.: *A vida dos animais*. São Paulo: Companhia das Letras, 2002].

COPPINGER, Raymond; COPPINGER, Lorna. *Dogs: a Startling New Understanding of Canine Origin, Behavior, and Evolution*. Nova York: Scribner, 2001.

CUOMO, Chris. *Feminism and Ecological Communities*. Nova York: Routledge, 1998.

DARWIN, Charles; EKMAN, Paul; PRODGER, Phillip. *The Expression of the Emotions in Man and Animals*. Londres: Harper Collins, [1872] 1998. [Ed. bras.: *A expressão das emoções no homem e nos animais*. São Paulo: Companhia das Letras, 2009].

DE BYLANDT, Comte Henri. *Les races de chiens, leurs origines, points, descriptions, types, qualités, aptitudes et défauts*. Bruxelas: Vanbuggenhoudt Frères, [1897] 2013.

DE LA CRUZ, Catherine. Entrevista com a autora em Santa Rosa, Califórnia, em novembro de 2002.

DE LA CRUZ, Catherine. *GPRNC profiles: Catherine de la Cruz*. s.d.. Disponível em <http://www.sonic.net/~cdlcruz/Rescue/RD/BoardProfiles/catherine.htm>. Acesso em 11 mar. 2021.

FENDER, Brenna. History of Agility. *Clean Run Magazine*, jul. (p. 32–36)/ ago. (p. 28–33)/ set. (p. 26–29) 2004. Disponível em <http://www.cleanrun.com/index.cfm/category/702/history-of-agility.htm>. Accesso em 10 mar. 2021.

FOUCAULT, Michel. *Birth of the Clinic*. Londres: Routledge, 1973 [Ed. bras.: *O nascimento da clínica*. Rio de Janeiro: Forense Universitária, 1977].

FREEDMAN, Adam *et al*. Genome Sequencing Highlights the Dynamic Early History of Dogs. *PLOS Genetics*, vol. 8, nº 10, 2014.

GARRETT, Susan. *Ruff Love*. South Hadley: Clean Run Productions, 2002.

GILBERT, Scott; EPEL, David. *Ecological Developmental Biology*. Sunderland: Sinauer, 2015.

GILLESPIE, Dair; LEFFLER, Ann; LERNER, Elinor. "If it Weren't for My Hobby, I'd Have a Life: Dog Sports, Serious Leisure, and Boundary Negotiations." Artigo apresentado no encontro da seção *Animals and Society* da American Sociological Association, em Anaheim, Califórnia, 2001.

GOLDSWORTHY, Andy; CRAIG, David. *Arch*. Nova York: Abrams, 1999.

GREAT PYRENEES CLUB OF AMERICA. Weisser, Linda, 1940–2011. *Great Pyrenees Club of America Bulletin*, 2011 (segundo trimestre), p. 12–13. Disponível em <http://gpcaonline.org/PDF/GPCA%20Q2%202011%20Bulletin.pdf>. Accesso em 10 mar. 2021.

GREAT PYRENEES LIBRARY. s.d. Disponível em <http://www.greatpyreneeslibrary.org>. Accesso em 10 mar. 2021.

GREEN, Jeffrey; WOODRUFF, Robert. "Livestock Guarding Dogs: Protecting Sheep from Predators." *U.S. Department of Agriculture, Agriculture Information Bulletin*, nº 588, 1999.

HARAWAY, Donna. "A Cyborg Manifesto: Science, Technology, and Socialist Feminism in the 1980s." *Socialist Review*, nº 80, 1985, p. 65–108. [Ed. bras.: "Manifesto ciborgue: ciência, tecnologia e feminismo-socialista no final do século XX", trad. Thomaz Tadeu. *In: Antropologia do ciborgue: as vertigens do pós-humano*. Belo Horizonte: Autêntica, 2000, e HOLLANDA, Heloisa Buarque de (org.). *Pensamento feminista: conceitos fundamentais*. Rio de Janeiro: Bazar do Tempo, 2019].

HARAWAY, Donna. *When Species Meet*. Minneapolis: University of Minnesota Press, 2008.

HEARNE, Vicki. *Adam's Task*. Nova York: Random House, 1982.

HEARNE, Vicki. *Animal happiness*. Nova York: Harper Collins, 1994.

HEARNE, Vicki. "Horses, Hounds and Jeffersonian Happiness: What's Wrong with Animal Rights?" *Harper's*, set. 1991, p. 59–64. Disponível em <http://harpers.org/archive/1991/09/whats-wrong-with-animal-rights/>. Acesso em ago. 2015. Disponível *on-line* com um novo prólogo em <www.dogtrainingarts.com>.

KING, Katie. "Feminism and Writing Technologies." *Configurations*, vol. 2, nº 1, 1994, p. 89–106.

KOEHLER, William R. *The Koehler Method of Dog Training*. Nova York: Howell Book House, 1996.

LATOUR, Bruno. *We Have Never Been Modern*. Cambridge: Harvard University Press, 1993.

LATOUR, Bruno. "Why Has Critique Run Out of Steam? From Matters of Fact to Matters of Concern." *Critical Inquiry*, vol. 2, nº 30, 2004, p. 225–248.

MARGULIS, Lynn. "Symbiogenesis and Symbionticism". *In:* MARGULIS, Lynn; FESTER, R. (eds.). *Symbiosis as a Source of Evolutionary Innovation*: Speciation and Morphogenesis. Boston: MIT Press, 1991, p. 1–14.

MARGULIS, Lynn; SAGAN, Dorian. *Acquiring Genomes: A Theory of The Origin of Species*. Nova York: Basic Books, 2002.

MCCAIG, Donald. *Nop's Hope*. Nova York: Lyons Press, 1994.

MCCAIG, Donald. *Nop's Trials*. Nova York: Lyons Press, 1984.

MCFALL-NGAI, Margaret. "Divining The Essence of Symbiosis: Insights from The Squid-vibrio Model." *PLOS Biology*, vol. 2, nº 12, 2014.

MOREY, Darcy. *Dogs: Domestication and The Development of a Social Bond*. Cambridge: Cambridge University Press, 2010.

MOWATT, Twig. Second Chance Satos. *Bark*, nº 20 (Outono), 2002.

NOSKE, Barbara. *Humans and Other Animals: Beyond the Boundary of Anthropology*. Londres: Pluto Press, 1989.

PODBERSCEK, Anthony L.; PAUL, Elizabeth S.; SERPELL, James A. (eds.). *Companion Animals and Us*. Cambridge: Cambridge University Press, 2000.

PRINCEHOUSE, Patricia. *History of The Pyrenean Shepherd*. Disponível em < https://web.archive.org/web/20210309194135/http://pyrshep1.homestead.com/pshistory.html >. Acesso em 10 mar. 2021.

ROBBINS, Jim. "More Wolves and New Questions, in Rockies". *New York Times*, 17/12, 2002, p. D3. Disponível em <http://www.nytimes.com/2002/12/17/science/more-wolves-and-new-questions-in-rockies.html>. Acesso em 10 mar. 2021.

ROREM, Linda. A View of Australian Shepherd History. *Stockdog Library*. Publicado originalmente em *Dog World*. [1987] 2010. Disponível em <https://workingaussiesource.com/working-aussie-source-stockdog-library-a-view-of-australian-shepherd-history-by-linda-rorem/>. Acesso em 10 mar. 2021.

RUSSELL, Edmund. "Introduction: the Garden in the Machine. Toward an Evolutionary History of Technology." *In:* SCHREPFER, Susan; SCRANTON, Philip (eds.) *Industrializing Organisms: Introducing Evolutionary History*. Londres: Routledge, 2004, p. 1–18.

SAVE-A-SATO FOUNDATION. Disponível em <www.saveasato.org>. Acesso em 10 mar. 2021.

SCHWARTZ, Marion. *A History of Dogs in The Early Americas*. New Haven: Yale University Press, 1997.

SCOTT, John Paul; FULLER, John L. *Genetics and The Social Behavior of The Dog*. Chicago: University of Chicago Press, 1965.

SERPELL, James. *In The Company of Animals: a Study of Human-animal Relationships*. Cambridge: Cambridge University Press, 1986.

SERPELL, James. Australian Shepherd Health and Genetics Institute. Disponível em <http://www.ashgi.org/home-page/about-ashgi/board-of-directors/ca-sharp>. Acesso em ago. 2015.

SERPELL, James (ed.). *The Domestic Dog: its Evolution, Behaviour, and Interactions with People*. Cambridge: Cambridge University Press.

SHARP, C. A. *Double Helix Network News*. Fresno: Produção própria, 1995.

SMUTS, Barbara. "Between Species: Science and Subjectivity." *Configurations*, nº 14, vol. 1–2, 2008, p. 115–126.

SMUTS, Barbara. Encounters with Animal Minds. *Journal of Consciousness Studies*, nº 8, vol. 5–7, 2000, p. 293–309.

STRATHERN, Marilyn. *Partial Connections*. Lanham: Rowman and Littlefield, 1991.

TADIAR, Neferti. *Things Fall Away: Philippine Historical Experience and The Making of Globalization*. Durham: Duke University Press, 2009.

THOMPSON, Charis. *Making Parents: The Ontological Choreography of Reproductive Technologies*. Cambridge: MIT Press, 2005.

TINBERGEN, Niko. *The Herring Gull's world*. Londres: Collins, 1953.

TSING, Anna. Unruly Edges: Mushrooms as Companion Species. *Environmental Humanities*, nº 1, 2012, p. 141–154.

VERRAN, Helen. *Science and An African Logic*. Chicago: University of Chicago Press, 2001.

VERRAN, Helen. Working with Those Who Think Otherwise. *Common Knowledge*, nº 20, vol. 3, 2014, p. 527–539.

VILÀ, Carles; MALDONADO, J. E.; WAYNE, R. K. "Phylogenetic Relationships, Evolution, and Genetic Diversity of The Domestic Dog." *American Genetics Association*, nº 90, 1999, p. 71–77.

WEISSER, Linda. Entrevista com a autora em Olympia, 29 e 30 dez. 2000.

WHITEHEAD, Alfred North. *Process and Reality*. Nova York: Macmillan, 1929.

WILSON, Cindy C.; TURNER, Dennis (eds.). *Companion Animals in Human Health*. Thousand Oaks: Sage, 1998.

WOOLF, Virginia. *A Room of One's Own*. Oxford: Oxford University Press, 1929.

— Os manifestos de Donna Haraway:
do ciborgue às espécies companheiras
Quando jamais fomos humanos, o que fazer?[1]

Entrevista com Donna Haraway por Nicholas Gane

**Nicholas Gane** O *Manifesto ciborgue* foi publicado pela primeira vez na *Socialist Review* em 1985, então, agora, em 2006, ele tem 21 anos. Quais eram seus objetivos e suas motivações com a escrita desse ensaio?

**Donna Haraway** Houve dois tipos de artigo público de opinião que me pediram para escrever no contexto do feminismo socialista estadunidense e, mais amplamente, dos movimentos da nova esquerda no início dos anos 1980. De um ponto de vista dos Estados Unidos, logo após a eleição de Reagan, o coletivo da *Socialist Review* na costa oeste me pediu, e a muitas outras pessoas – Barbara Ehrenreich[2] e outros –, para escrever cinco páginas fazendo um balanço do feminismo socialista e perguntando que tipos de mudanças políticas urgentes precisávamos fazer. Perguntamos que tipos de futuro haveria em nossos movimentos no contexto da eleição de Reagan, e, é claro, o que aquela eleição representava mais amplamente em termos culturais e políticos não apenas nos Estados Unidos, mas no mundo. Margaret Thatcher na Inglaterra simbolizava um pouco disso, mas era algo muito maior do que qualquer formação nacional.

1 Publicado originalmente na revista *Theory, Culture & Society*, vol. 23, n° 7–8, 2006. Tradução de Fernando Silva e Silva.

2 Barbara Ehrenreich, nascida em 1941, é uma escritora e ensaísta política e militante da organização Democratic Socialists of America [Socialistas Democráticos da América]. (N.T.)

Então, nos pediram para produzir cinco páginas fazendo um balanço disso a partir de nossa herança, e essa foi a provocação imediata para o texto que acabou sendo publicado na *Socialist Review*, que circula como o manifesto para ciborgues, ou, o título que eu queria na verdade, *Manifesto ciborgue*,[3] em uma brincadeira que o associava ao *Manifesto comunista* de Marx. Havia, porém, outra provocação ligada à mesma rede de pessoas que foi a conferência internacional dos movimentos da nova esquerda em Cavtat, na Iugoslávia (hoje Croácia), alguns anos antes de ser lançada na *Socialist Review*. Me pediram para representar o coletivo da *Socialist Review* nessa conferência, e isso me ajudou a pensar de uma maneira mais transnacional sobre a informática da dominação, a política ciborgue e a importância extraordinária dos mundos das Tecnologias de Informação.

Isso também vinha da minha própria história como bióloga. Meu doutorado foi em biologia. Eu amava biologia e me engajava de maneira séria e apaixonada com seus projetos de conhecimento: suas materialidades, organismos e mundos. Mas eu também sempre habitei a biologia a partir de uma formação igualmente forte em literatura e filosofia. Política e historicamente, eu nunca poderia ver o organismo como algo que simplesmente está lá. Eu estava extremamente interessada na maneira como o organismo é um objeto do conhecimento enquanto sistema de divisão do trabalho com funções executivas. Essa é a história do ecossistema como um objeto que

---

[3] "Manifesto ciborgue: ciência, tecnologia e feminismo-socialista no final do século XX" está publicado em Heloisa Buarque de Hollanda (org.). *Pensamento feminista: conceitos fundamentais*. Rio de Janeiro: Bazar do Tempo, 2019. A tradução é de Thomaz Tadeu para a edição *Antropologia do ciborgue: as vertigens do pós-humano*. Belo Horizonte: Autêntica, 2000. (N.E.)

poderia apenas ter surgido no contexto de administração de recursos, o acompanhamento das energias nas camadas tróficas, os aparatos de etiquetamento tornados possíveis pelas instalações da Savannah River Nuclear e a emergência das interdisciplinaridades dos tempos de guerra na cibernética, química nuclear e teorias dos sistemas.

Nunca foi realmente possível para mim habitar a biologia sem um tipo de consciência impossível da historicidade radical desses objetos de conhecimento. Você lê pessoas como Foucault e nunca mais é a mesma. Eu nunca fui, porém, uma pós-modernista fundamentada na tradição literária ou na tradição da arquitetura. Para mim, o relevante sempre foram as materialidades da instrumentação de organismos e laboratórios, [eu estive] sempre muito interessada nos vários não humanos em cena. O *Manifesto ciborgue* veio de tudo isso.

**NG** E, claro, o *Manifesto* é um posicionamento de teoria feminista.

**DH** Ele é um documento teórico feminista – um balanço entre o mundo onde vivemos e a pergunta "O que fazer?". Manifestos provocam fazendo duas perguntas: "onde diabos nós estamos?" e "e daí?". A pergunta "O que fazer?" [está] no panfleto de Lenin de 1902, mas com uma resposta muito diferente do seu clamor por um partido controlado estritamente por revolucionários dedicados.

**NG** Você disse anteriormente que havia leitores que "aceitariam o *Manifesto ciborgue* em sua análise tecnológica", mas, ao mesmo tempo, estavam inclinados a "deixar de lado o feminismo".[4] Talvez esse seja um bom lugar para começarmos. Em que sentido o *Manifesto ciborgue* é um manifesto feminista? Depois disso, você falou de "um feminismo que não

---

4 D. Haraway, *The Haraway Reader*, p. 325.

se abraça à Mulher, mas é para as mulheres".[5] Qual é exatamente a base de um feminismo assim?

**DH** Bom, isso é complicado e podemos apenas seguir alguns fios para pensar sobre o assunto. Nos termos de bell hooks, o feminismo, enquanto verbo, tem a ver com as mulheres se movimentarem, e não com algum dogma em particular. Eu estava entre as muitas da minha geração que ingressaram nos movimentos de mulheres. Eu me envolvi na política do movimento de libertação das mulheres que resultou do fim dos anos 1960, e há uma herança muito pessoal nisso que tem a ver com suas segmentações em classe e raça: meu entendimento do poder e dos limites do meu próprio feminismo histórico pessoal em meus tipos de mundinhos coletivos.

Mas há também aí uma herança muito maior de tentar acertar as contas com a esperança impossível de que a desordem estabelecida não é necessária. Essa herança vem da teoria crítica e vê o feminismo como um ato de recusa do sofrimento profundo nas vidas das mulheres ao redor do mundo e ao longo da história, enquanto, ao mesmo tempo, acerta as contas com o fato de que não foi tudo sofrimento. Há algo na vida das mulheres que merece ser celebrado, nomeado e vivido, e há algumas necessidades culturais e organizacionais urgentes entre nós – seja lá quem for "nós".

O feminismo foi uma herança complicada, um espaço de políticas urgentes e de prazeres intensos de ser parte do movimento das mulheres. Tudo isso, e chegando nesse contexto como uma cientista, e não qualquer cientista, mas uma bióloga, e como uma católica que recusava a Igreja, mas incapaz de ser uma humanista secular. A semiose é sangrenta e carnal, e vive graças a certa incapacidade de ficar muito feliz

[5] Ibid., p. 329.

com uma semiótica que supostamente só tem a ver com o texto em algum tipo de forma rarefeita. O texto é sempre carnal e frequentemente não é humano, nem acabado, nem homem. Isso era o feminismo de então e ainda o é para mim.

**NG** Alguns leitores do *Manifesto* observaram que "você insiste na característica fêmea do ciborgue".[6] Isso está certo? Em uma passagem-chave, você diz que "ciborgue é uma criatura de um mundo pós-gênero",[7] mas depois disso você afirmou que "nunca gostou" do termo "pós-gênero".[8] Por que isso? Em um mundo de transversais, em que as fronteiras entre natureza e cultura não são mais claras, o conceito de "pós-gênero" pareceria útil. Na conclusão do *Manifesto*, você alude ao "sonho utópico" de "um mundo monstruoso, sem gênero".[9] A ideia de ir além do gênero não é, então, mais (ou menos) do que um "sonho utópico"?

**DH** Não! Obviamente, o gênero segue feroz como sempre entre nós. Ele está com algumas rugas, mas foi refeito de várias maneiras. E há um mundo em processo trans que faz de gênero o substantivo errado. Pessoas trans estão fazendo trabalhos teóricos muito interessantes.[10] Todo tipo de coisa interessante está acontecendo sob os prefixos pós- e trans-. Não é um sonho utópico, mas um projeto em curso realizado na prática. Me incomoda como as pessoas falam sobre um mundo utópico pós-gênero – "Ah, isso quer dizer que não importa mais

6 Ibid., p. 321.

7 D. Haraway, "Manifesto ciborgue: ciência, tecnologia e feminismo-socialista no final do século XX", p. 150 (Conforme edição da Bazar do Tempo).

8 D. Haraway, *The Haraway Reader*, p. 328.

9 D. Haraway, "Manifesto ciborgue: ciência, tecnologia e feminismo-socialista no final do século XX", p. 181 (Conforme edição da Bazar do Tempo).

10 Ver o trabalho de uma antiga aluna minha, E. Hayward, *Jellyfish Optics: Immersion in Marine TechnoEcology*, 2004.

se você é homem ou mulher". Não é verdade. Mas, em alguns espaços de fantasia e mundificação, isso é verdade, tanto por boas quanto por más razões.

**NG** Como você pensa gênero em um mundo cada vez mais transversal?

**DH** Como Susan Leigh Star e Geoffrey Bowker me ensinaram a pensar: trabalho categorial.[11] Não deifique a categoria. Não critique e ache que ela desaparece porque você criticou. Só porque você e seu grupo entenderam como ela funciona não faz com que ela vá embora, e porque você entende que ela foi criada não quer dizer que ela é falsa. Estamos, de algumas maneiras, em um mundo pós-gênero, e, de outras, estamos em um mundo de gêneros ferozmente fixos. Mas talvez as teóricas não brancas tenham acertado quando disseram que estamos em um mundo interseccional. Isso é o que Leigh e Geoffrey quiseram dizer quando criaram a categoria do torque.[12] Vivemos em um mundo em que as pessoas devem viver simultaneamente em várias categorias não isomórficas, todas elas as "torcendo". Então, de algumas maneiras, pós-gênero é uma noção significativa, mas fico muito nervosa com a forma com que ele é transformado em um projeto utópico.

**NG** Então você usou o termo pós-gênero de maneira provocadora, e as pessoas levaram isso em direções diferentes?

**DH** Sim. Mas de que se trata um mundo sem gênero tal como o conhecemos? Algumas pessoas entenderam que isso significava um mundo sem desejo, sexo, inconsciente, e eu não esta-

---

[11] Ver G. Bowker; S. Star, *Sorting Things Out: Classification and Its Consequences*, 1999.

[12] Para Bowker e Star, o torque se manifesta quando várias categorias sociais e discursivas se impõem sobre uma biografia – como categorias raciais, biomédicas, políticas etc. – forçando um sujeito em várias direções diferentes enquanto ele ou ela tenta se orientar e agir no campo social. (N.T.)

va dizendo isso. Mas eu estava dizendo que a teoria freudiana do inconsciente é apenas uma análise de vizinhança, embora seja uma análise bastante potente.

**NG** Uma coisa que acho fascinante no *Manifesto* é sua mistura complexa de feminismo e cibernética. É afirmado, por exemplo, que "seres humanos, da mesma forma que qualquer outro componente ou subsistema, deverão ser situados em uma arquitetura de sistema cujos modos de operação básicos serão probabilísticos".[13] Isso é uma extensão radical do famoso *Mathematical theory of communication*[14] de Claude Shannon e Warren Weaver, em que a informação é definida em termos estatísticos. Em uma entrevista realizada em 1999, você disse que você tinha familiaridade com a obra de Norbert Wiener no momento em que escreveu o *Manifesto*,[15] mas foram Shannon e Weaver também referências importantes? E, falando da cibernética mais geracionalmente, esse campo continua a influenciar o seu trabalho?

**DH** Sim, Shannon e Weaver estavam lá. Eu os havia lido, e as conferências Macy[16] em geral estavam lá também. O orientador da minha tese foi Evelyn Hutchinson (1903–1991), que era um homem realmente maravilhoso: ecologista teórico, matemático, biólogo, historiador natural, estudante de manuscritos medievais italianos – um polímata de sua geração; inglês

13 D. Haraway, "Manifesto ciborgue: ciência, tecnologia e feminismo-socialista no final do século XX", p. 212 (Conforme edição da Bazar do Tempo).

14 C. Shannon; W. Weaver, *The Mathematical Theory of Communication*, 1949.

15 D. Haraway, *The Haraway Reader*, p. 324.

16 As Macy Conferences foram uma série de eventos realizados na Josiah Macy Jr. Foundation sob a tutela de Frank Fremont-Smith entre 1941 e 1960. O objetivo das conferências era estabelecer diálogos entre disciplinas variadas. Entre 1946 e 1953 ocorreram dez conferências consagradas à cibernética que reuniram grandes nomes da área e marcaram a disciplina e o seu futuro. (N.T.)

de origem.[17] Em parte, fugi da biologia do desenvolvimento e de suas encarnações moleculares para seu laboratório porque todas as minhas células estavam morrendo no laboratório! Mas principalmente porque eu estava intelectualmente infeliz e finalmente tive que aceitar que a biologia para mim era uma prática cultural-material. Eu precisava localizar a biologia em sua interseção com muitas outras comunidades de prática, feitas de emaranhados de humanos e outros, vivos ou não. O laboratório de Evelyn Hutchinson tornou isso possível. Nele, líamos coisas como Simone Weil, Shannon e Weaver, e Virginia Woolf – esses eram os textos de "biologia" que líamos em seu grupo de pesquisa. Não era um laboratório de biologia em sentido estrito. Era um grupo de pesquisa sobre "o que é interessante no mundo". E muitos egressos do laboratório de Evelyn – como Robert MacArthur (1930–1972) – tornaram-se biólogos muito importantes. A parceria de MacArthur com E. O. Wilson sobre a biografia de ilhas[18] é uma referência importante. MacArthur era um grande teórico da cibernética em comportamento animal e um fabuloso ornitólogo.

De todo modo, muitas pessoas saíram do laboratório de Evelyn profundamente interessadas em vários aspectos da cibernética, inclusive eu. Mas como alguém não estaria interessado no assunto naquela época? A passagem que você acabou de ler não fala tanto do que eu quero, mas de sentar e olhar o que me parecia ser um imperativo de que os projetos de conhecimento daquela época constituíssem seus objetos de atenção em um sentido foucaultiano – como o discurso constitui seus próprios objetos de atenção. Isso não é uma posição relativista. Isso não tem

---

17 E. Hutchinson, *The Kindly Fruits of The Earth: Recollections of an Embryo Ecologist*.

18 R. MacArthur; E. Wilson, *The Theory of Island Biogeography*.

a ver com coisas sendo meramente construídas em um sentido relativo. Isso tem a ver com aqueles objetos que somos sem escolha. Nossos sistemas são entidades de informação probabilística. Não quer dizer que isso é a única coisa que nós, ou qualquer um, somos. Não é uma descrição exaustiva, mas é uma constituição não opcional de objetos, de conhecimento em operação. Não tem a ver com ter um implante nem com gostar disso. Não é um tipo de alegria tecnofílica extasiada causada pela informação. É uma afirmação que precisamos entender – essa é uma operação de mundificação. Nunca a única operação de mundificação em curso, mas uma que precisamos habitar não só como vítimas. Precisamos entender que a dominação não é a única coisa acontecendo aqui. Precisamos entender que isso é uma zona em que precisamos ter influência, ou seremos apenas vítimas.

Então, habitar ciborgue é do que trata esse manifesto.

Ciborgue é uma figuração, mas também é uma mundificação obrigatória – e se você a habita, você não tem como não entender – que é um projeto militar, um projeto do capitalismo tardio em profunda colaboração com novas formas de guerra imperial – o campo de trabalho eletrônico de McNamara[19] é, evidentemente, um importante genitor dos mundos ciborgue – assim como a empresa telefônica Bell. E muito mais do que isso – ciborgues abrem possibilidades radicais simultâneas.

Isso é parecido com Bruno Latour, mas dou mais espaço ao meu lado de teórica crítica do que Latour. Tenho mais simpatia com a teoria crítica do que o Bruno – muito mais. E estou muito mais disposta a conviver com heranças intelectuais e políticas indigestas. Preciso me agarrar a heranças impossí-

---

19 Robert McNamara (1916-2009) foi secretário de defesa dos Estados Unidos entre 1961 e 1968. É conhecido pelas estratégias de "resposta flexível" desenvolvidas para o contexto da Guerra Fria e sobretudo por sua atuação durante a Guerra do Vietnã, intensificando o conflito. (N.T.)

veis, mais do que, suspeito, Bruno quer fazê-lo. Nossos tipos de criatividade seguem em direções diferentes, mas são aliadas. Então, sim, Shannon e Weaver estão lá. A cibernética está lá de várias formas. Gregory Bateson também está lá, e, por meio da linhagem de Bateson, os mundos cibernéticos de segunda e terceira ordens que Katherine Hayles analisa.[20] Sou simpática a certos tipos de esforços cibernéticos para pensar através da autopoiese.[21] Lynn Margulis também está lá com toda a hipótese de Gaia do mundo, incluindo suas coisas sobre simbiogênese.

No entanto, sou profundamente reticente em relação a teorias de sistemas de todos os tipos, incluindo a chamada cibernética de terceira ordem e as abordagens da autopoiese e do acoplamento estrutural. Não fico feliz de verdade aí, mas relembro que, na cibernética, há muito mais do que Norbert Wiener.[22]

**NG** Parece haver um retorno geral do interesse na cibernética na medida em que debates sobre o "pós-humano" assumiram o primeiro plano.[23] O subtítulo de seu ensaio de 1992, *Ecce Homo, Ain't (Ar'n't) I a Woman, and Inappropriate/d Others* [Ecce homo, não sou (somos) eu uma mulher, e *outros inapropriados*], é *The Human in a Post-Humanist Landscape* [O humano em uma paisagem pós-humanista].[24] O que significa para você esse termo "pós-humano"? É um conceito que você ainda acha útil?

20 Ver K. Hayles, *How We Became Posthuman*.

21 Autopoiese é um termo cunhado pelos biólogos chilenos Humberto Maturana e Francisco Varela. Originalmente, autopoiese se refere à capacidade das células de manter seu equilíbrio químico, mas, desde então, o termo foi utilizado em todo o tipo de teorias dos sistemas. (N.T.)

22 Norbert Wiener (1894-1964) foi um matemático e professor do Massachusetts Institute of Technology. É considerado um dos fundadores da cibernética e da teoria dos sistemas. (N.T.)

23 Por exemplo, K. Hayles, *How we became posthuman*.

24 D. Haraway, *The Haraway Reader*, p. 47-61.

**DH** Parei de usá-lo. Usei de fato por um tempo, inclusive no *Manifesto*. Acho que é um pouco impossível não usar de vez em quando, mas estou tentando não usar. Katherine Hayles escreveu esse livro maravilhoso e inteligente, *How we became posthuman*. Nesse livro, ela se localiza na *interface* certa – o lugar onde pessoas encontram aparatos de TI, onde mundos são reconstruídos como informação. Estou em forte aliança com sua insistência nesse livro em alcançar as materialidades da informação. Não deixar que ninguém pense, nem por um minuto, que se trata aí de imaterialidade, e sim de buscar suas materialidades específicas. Estou com ela nesse sentido de "como nos tornamos pós-humanistas". Ainda assim, humano/pós-humano é muito facilmente apropriado pelos extasiados. "Sejamos todos pós-humanistas e encontremos nossa próxima fase evolutiva teleológica em algum tipo de tecnomelhoria trans-humanista". O pós-humanismo é muito facilmente apropriado por esses tipos de projeto para o meu gosto. Porém, muitas pessoas produzindo pensamento pós-humanista não fazem desse jeito. A razão pela qual vou às espécies companheiras é para me afastar do pós-humanismo.

A espécie companheira é meu esforço para estar em aliança e em tensão com projetos pós-humanistas, porque acredito que a espécie está em questão. Nesse sentido, estou com Derrida mais do que com outros, e com a leitura de Derrida feita por Cary Wolfe.[25] Estou com as zoontologias mais do que com o pós-humanismo porque acho que espécie está fortemente em questão aqui, e espécie é uma daquelas palavras maravilhosas que é internamente um oximoro. Essa abordagem insiste em seus significados darwinistas, inclusive considerando pessoas como *Homo sapiens*. Pensar com as "espécies companheiras"

[25] Ver, por exemplo, C. Wolfe, *Zoontologies: The Question of the Animal*.

interroga os projetos que nos constroem como uma espécie, filosóficos ou não. "Espécie" tem a ver com trabalho categorial. O termo está ligado simultaneamente a vários fios de significado – de tipo lógico, táxons caracterizados pela biologia evolutiva e a implacável especificidade dos significados. Você também não consegue pensar espécie sem estar dentro da ficção científica. Algumas das coisas mais interessantes sobre espécie são feitas em projetos científicos de ficção científica, literários e não literários – projetos artísticos de vários tipos. Pós-humano é muito restritivo. Então, vou às espécies companheiras, embora tenham sido sobrecodificadas como se significassem cachorros e gatos. Eu criei essa situação para mim mesma escrevendo primeiro sobre cachorros. Mas penso no *Manifesto ciborgue* e no *Manifesto das espécies companheiras* como uma moldura para a pergunta sobre relacionalidades em que as espécies em questão estão e em que o pós-humanismo é enganoso.

**NG** O que tenho tentado fazer em meu próprio trabalho é usar ideias do pós-humano para colocar em questão a pressuposição do humano.

**DH** O seu trabalho de fato faz isso.

**NG** Vejo o mesmo tipo de questionamento em sua resposta ao ensaio de Jacques Derrida[26] sobre as três feridas ao narcisismo humano: a copernicana, a darwiniana e a freudiana. A essas, você adiciona uma quarta ferida que "está associada com questões do digital, do sintético".[27] O que exatamente é a "quarta ferida", e como ela se desenvolveu desde a época da escrita do *Manifesto*, dadas especialmente as enormes transformações nas tecnologias de comunicação digital que aconteceram desde 1985?

26 C. Wolfe, *Zoontologies: The Question of the Animal*.
27 D. Haraway; J. Schneider, *Conversations with Donna Haraway*, p. 139.

**DH** A quarta ferida nos força a reconhecer que nossas máquinas são também vivazes. Não estamos apenas deslocados cosmologicamente em termos da ficção do homem no centro, e deslocados psicanalítica e zoologicamente. Estamos também deslocados em termos do mundo construído como o único local de autopoiese. A razão pela qual hesito em relação à autopoiese me foi ensinada por uma de minhas atuais pós-graduandas, Astrid Schrader, cuja primeira formação foi em física. Ela está aborrecida com a autopoiese por causa de seus fechamentos – porque nada se auto-organiza; trata-se de relacionalidade de ponta a ponta, e a auto-organização repete o problema das teorias dos sistemas, e então ela vai a Derrida de maneiras que me ajudaram muito.

Nós duas, junto com outra pós-graduanda, Mary Weaver, que escreve sobre mundos trans, recorremos a Isabelle Stengers para suas leituras do pensamento de Whitehead sobre abstrações como "iscas".[28] A tarefa é inventar abstrações melhores, e a autopoiese provavelmente não é o que estamos buscando. Então, com Isabelle, me sinto capturada na isca de algum tipo de pensamento de "espécies-em-questão".

A quarta ferida ao narcisismo primário – essa questão de nossas relacionalidades com aquilo que não é humano – começa a tocar em nossas relacionalidades constitutivas com o maquínico, mas também com mais do que o maquínico – com o não vivo e o não humano. Bruno Latour está tentando fazer isso também. Acho que é aqui que muitos de nós estamos, porque é onde estão muitas questões urgentes do mundo.

**NG** No *Manifesto*, você afirma que "nossas máquinas são perturbadoramente vivazes, e nós mesmos assustadoramen-

---

28 Ver A. Schrader, *Dinos, Demons, and Women in Science*: Messianic Promises, Spectre Politics, and Responsibility; I. Stengers, *Penser avec Whitehead*.; M. Weaver, *The (Al)lure of the Monstrous: Transgender Embodiments and Affects that Matter*.

te inertes".²⁹ Isso é uma afirmação brincalhona que pretende provocar pensadores que continuam a tratar a agência humana como algo sagrado, anterior ou independente de máquinas, ou é uma asserção mais séria sobre a emergência de tecnologias inteligentes que possuem potências e agências criativas que rivalizam com as dos ditos seres "humanos"?

**DH** É as duas coisas. E é também uma reclamação sobre a passividade de meus próprios amigos politizados, a minha e a dos meus camaradas intelectuais. É uma reclamação. É como a reclamação de Bruno Latour sobre a estupidez dos teóricos críticos em insistir na crítica, ficando presos onde Adorno e Horkheimer estavam presos com muito mais legitimidade. O que eles fizeram precisava ser feito. Mas é uma loucura estar preso naquela reclamação incansável sobre a tecnologia e a tecnocultura e não perceber a extraordinária vivacidade que também tem a ver conosco. É um comentário muito rabugento sobre o tipo de trabalho que precisa ser feito e que muitas pessoas estão fazendo. Basta olhar para onde estão sendo feitos trabalhos culturais e intelectuais práticos, nas e a partir das tecnologias de escrita de todos os tipos. Katie King, acredito, é hoje em dia a teórica mais interessante das tecnologias de escrita (ver *Flexible knowledges* e *Networked re-enactments*).³⁰ Ela está na Universidade de Maryland; eu a conheci como pós--graduanda. Há uma quantidade gigantesca de trabalho cultural intensamente interessante sendo produzido com o qual os teóricos críticos não conseguem lidar.

---

**29** D. Haraway, "Manifesto ciborgue: ciência, tecnologia e feminismo--socialista no final do século XX", p. 152 (Conforme edição da Bazar do Tempo, pequena alteração).

**30** Ambos no prelo quando a entrevista foi realizada, hoje os materiais estão em um único livro, *Networked Reenactments: Stories Transdisciplinary Knowledges Tell*. Duke University Press, 2012. (N.T.)

**NG** Debates recentes sobre o humano/pós-humano também nos desafiam a repensar o conceito do social. O social, classicamente, tende a ser construído sobre uma concepção de um sujeito humano delimitado, mas isso se tornou difícil de sustentar à luz dos desafios recentes ao que conta como "humano". Em *Modest_Witness*, você faz várias afirmações interessantes sobre o social. Você diz, por exemplo, que "relações sociais incluem não humanos e humanos como parceiros *socialmente* ativos".[31] Em uma passagem posterior, você adiciona que o social nunca é algo que é em si mesmo "ontologicamente real e separado".[32] Isso parece comparável à posição de Bruno Latour, que se recusa a ligar o social a uma noção todo-poderosa de sociedade ou a forças sociais que fundamentam e explicam todos os outros fenômenos. Que papel o conceito de social desempenha na sua obra?

**DH** Eu tento deslocá-lo de seu espaço exclusivo dos fazeres humanos, do modo que, no final das contas, a maioria dos teóricos sociais – nem todos hoje em dia, e Latour é um bom exemplo –, mas, de maneira geral, a maioria dos teóricos sociais está realmente falando de relações sociais e história; e é basicamente uma forma humana que constitui a si mesma sobre e contra o que não é humano. Acho que Derrida nos dá as ferramentas críticas mais poderosas para ver como isso continua a ser feito. Mas acho também que Derrida não chega a nos mostrar como se faz.

Estou trabalhando em um pequeno ensaio chamado *And say the philosopher responded* por causa do inteligente texto de Derrida *And say the animal responded*[33] e aquele outro texto

31 D. Haraway, *Modest_Witness@Second_Millennium.FemaleMan©_Meets_OncoMouse™*, p. 8.

32 Ibid., p. 68.

33 O título original do ensaio é *Et si l'animal répondait?*. Publicado em J. Derrida, *L'animal que donc je suis*.

inteligente *O animal que logo sou*.³⁴ É nesse que ele relata um confronto com seu gato, e é realmente o seu gato! Para lhe dar esse crédito extraordinário – e ele está sozinho entre os filósofos – é um gato real que o faz prestar atenção e perceber que está nu – embora eu ache que o gato provavelmente não se importou que ele estivesse nu. Mas o que ele faz em seguida, muito criativamente, é abordar a vergonha da filosofia e a vergonha de se estar nu diante do mundo. A vergonha é mais masculina do que humana, algo que Derrida esquece de mencionar, porque é sua nudez masculina frontal que motiva todo o argumento. Sua curiosidade sobre o animal some depois da primeira percepção crucial de que esse animal não está "reagindo", mas sim "respondendo".

Então, estranhamente, e acho que tragicamente, Derrida se enrola duplamente no excepcionalismo muito masculino, chamado excepcionalismo humano, que ele estava desconstruindo, primeiro, por sua visão singular do único órgão exposto e, segundo, por falhar na obrigação de curiosidade a respeito do que importava ao gato naquele olhar. Acredito que a curiosidade – o começo da realização da obrigação de saber mais como consequência de ser chamado a responder – é um eixo crítico de uma ética não enraizada no excepcionalismo humano.

Deleuze e Guattari são muito, muito piores. Acho que o seu capítulo sobre o devir-animal³⁵ é um insulto porque eles não estão nem aí para os animais – os bichos são uma desculpa para o seu projeto antiedípico. Observe a maneira como eles trucidam senhoras e seus cães enquanto glorificam a matilha em seu "horizonte de devir" e linhas de fuga. Deleuze e

---

[34] J. Derrida, *The Animal That Therefore I Am*.

[35] G. Deleuze; F. Guattari, *A Thousand Plateaus: Capitalism and Schizophrenia*, p. 232–309.

Guattari me deixam furiosa com sua total falta de curiosidade pelas relações reais entre animais e entre animais e pessoas, e a maneira como eles desprezam a figura do doméstico em sua glorificação do selvagem no seu projeto antiedípico monomaníaco. E as pessoas se referem a eles como se fossem úteis para pensar a socialidade além do animal. Bobagem! Apesar de seus lapsos ciclopeanos, Derrida é muito mais útil.

Mas eu levo a sério temporalidades, escalas, materialidades, relacionalidades entre pessoas e nossos parceiros constitutivos, o que sempre inclui outras pessoas e outros bichos, animais ou não, no fazer de mundos, na mundificação. Acredito que "o social" como um substantivo é tão problemático quanto "o animal" ou "o humano", mas, como verbo, ele é muito mais interessante. De algum modo, precisamos entender como não fazê-lo enquanto substantivo, mas sem perder suas qualidades positivas. Então, o que poderia significar social? Não se pode proceder por analogia porque você não quer antropomorfizar os parceiros não humanos como uma forma de encontrá-los. A quem isso ajuda?

**NG** Mas isso é o que costuma acontecer.

**DH** Acontece o tempo todo porque não sabemos como fazer de outro jeito. Penso em todo o trabalho muito importante dos defensores dos direitos dos animais, filósofos e outros que fazem desse jeito. Mas não temos como fazer assim – não podemos antropomorfizar ou zoomorfizar. Precisamos de um novo trabalho categorial. Precisamos viver as consequências da curiosidade incessante em mundificações mortais, situadas e incansavelmente relacionais.

**NG** Isso é talvez um momento oportuno para retornar às três quebras de fronteiras que enquadram a sua definição de ciborgue no *Manifesto*. A primeira dessas fronteiras é a entre humanos e animais. Ela é abordada também em detalhes em sua discussão sobre organismos transgênicos em *Modest_Witness*[36] e em sua discussão sobre parentesco no seu ensaio recente sobre as espécies companheiras.[37] Dados os avanços nas ciências da genética e da informação que ocorreram ao longo dos últimos 21 anos, pareceria que a fronteira entre humanos e animais está mais frágil do que nunca. Ao mesmo tempo, porém, a sua ideia sobre espécies companheiras parece reforçar as fronteiras entre as espécies e também buscar similaridades ou conexões entre elas. Estou correto? E talvez você poderia explicar por que agora você vê "ciborgues como irmãos menores" em uma "família estranha[38] muito maior de espécies companheiras".[39]

**DH** Na verdade, eu não acredito que a ideia de espécies companheiras reforce as fronteiras entre espécies, mas consigo ver como provoquei essa leitura. Há toda aquela seção no *Manifesto das espécies companheiras* que começa a dissecar a palavra "espécie", mas eu não o fiz bem o suficiente. E, assim como com o ciborgue, viver como uma espécie não é uma escolha. Fomos mundificados como espécie em um certo sentido foucaultiano do discurso que produz novamente seus objetos. Duzentos anos do que se tornaram os poderosos discursos da biologia, capazes de mudar o mundo, nos produziram como espécie, e outros bichos também.

Também estamos passando por um momento de reconfiguração radical do trabalho categorial na biologia na forma do biocapital e da biotecnologia, que, como Sarah Franklin teoriza especialmente bem, está ligado a esses tipos de relações

---

36 D. Haraway, *Modest_Witness@Second_Millennium.FemaleMan©_Meets_OncoMouse™*, p. 55-69.

37 D. Haraway, *The Haraway Reader*, p. 295-320.

38 O termo usado aqui no original é *queer*. (N.T.)

39 D. Haraway, *The Haraway Reader*, p. 300.

trans que refazem parentescos. Sarah e eu estamos em uma conversa densa sobre parentesco, sobre quando a família não é produzida genealogicamente – quando família é a palavra errada –, quando parentes e grupos estão sendo refeitos por meio de um processo trans de todos os tipos – e certamente de tipos moleculares-genéticos; e que bases de dados transnacionais de biodiversidade são hoje uma das maiores materialidades dos seres transespécies material-semióticos.

Assim, estou muito interessada em espécies, mas não como categorias taxonomicamente fechadas e acabadas, mas como um trabalho contínuo de grupos que tem instrumentalizações importantes atualmente – profundamente interligadas com as tecnologias da informação e o biocapital.

O *Manifesto das espécies companheiras* é como minha primeira incursão na tentativa de repensar espécie como ciborgue, cachorro, onco-rato, cérebro, banco de dados – essa família de parentes que analiso em *Modest_Witness* – estou levando isso a sério. Acho que outras pessoas estão fazendo um trabalho melhor do que eu nessa direção, e se trata de um projeto coletivo. Penso que vivemos nesses mundos implodidos – mundo em que viver e morrer estão em jogo diferencialmente. A espécie é um dos mundos e está sendo refeita.

Sou apaixonada irredutivelmente pelos bichos reais, como Cayenne. O livro começa com um pouco de pornô leve que se baseia em uma "conversa proibida" entre mim e Cayenne. Essa "troca oral" é talvez minha resposta à nudez frontal de Derrida diante do seu gato. Acho que estou mais preocupada com o que esse cachorro acha que eu quero dizer, e com o que ela quer dizer e o que nós queremos dizer juntas, do que com a última novidade dos filósofos, ou melhor, da máquina da filosofia.

Este livro tenta levar a sério o fato de que todos os objetos de amor são inapropriados. Se você está realmente apaixonado, você sempre se vê apaixonado pelo tipo errado de objeto amoroso – mesmo se você é casado, mesmo se é reconhecido pelo Estado – o amor desfaz e refaz você. Dessa forma, como no *Manifesto ciborgue*, estou também tentando acertar as contas com onde nos encontramos juntos. Esse bicho – Cayenne – e eu, Donna: onde nos encontramos? Quando eu e meu cachorro nos tocamos, quando e onde estamos? Que mundificações e que tipos de temporalidades e materialidades irrompem nesse toque, e a que e a quem é necessária uma resposta?

Por exemplo, vamos às reorganizações dos bancos de dados de biodiversidade, projetos de sequenciamento genômico de cães e humanos, e o contexto pós-genômico; vamos à herança de consolidações de terra no oeste dos Estados Unidos após a Corrida do Ouro e suas práticas agropecuárias e de mineração, além de suas práticas alimentares. Vamos onde os cachorros são parte da força de trabalho. Vamos ao rodeio e seus legados para os problemas dos direitos dos animais. Vamos a muitas temporalidades. Vamos ao que Harriet Ritvo[40] escreveu tão bem em *The Animal Estate*, ou ao que Sarah Franklin chamou de "riqueza da raça" e práticas contemporâneas de criação.[41]

Levar essa relação a sério e desenrolar quem somos aqui nos leva a muitos mundos concatenados em um "devir" bastante situado. A pergunta ética e política fundamental então é: pelo que você é responsável se você tenta levar a sério o que você herdou? Se você leva o amor a sério, e daí? Você não pode ser responsável por tudo, então você tenta compreender como pensar o mundo através de conexões e encontros que refazem

40 H. Ritvo, *The Animal Estate*.
41 Ver S. Franklin, *Dolly Mixtures: The Remaking of Genealogy*, 2007.

você, e não através de taxonomias. Assim, eis-nos em conversas criminosas, relações proibidas, trocas estranhas; e acredito que eu/nós acabo/acabamos responsáveis diferentemente – e diferentemente curiosos – ao perseguir essas ligações do que eu/nós era/éramos no começo.

**NG** Quando falei com Bruno Latour, ele disse que o grande desafio agora é compreender como coletar ou classificar coisas, se você pensa o mundo através de conexões.

**DH** Exatamente, e é aí que Bruno e eu estamos em incansável alinhamento, mesmo que causemos indigestão um ao outro com alguns dos modos como fazemos pesquisa. Acho que amamos a obra um do outro porque é isso que importa.

**NG** A segunda quebra de fronteira no *Manifesto ciborgue* é entre humanos e máquinas, sobre a qual já falamos. Quase na conclusão do *Manifesto*, você afirma que:

> A máquina não é uma coisa a ser animada, idolatrada e dominada. A máquina coincide conosco, com nossos processos; ela é um aspecto de nossa corporificação. Podemos ser responsáveis pelas máquinas; elas não nos dominam ou nos ameaçam. Nós somos responsáveis pelas fronteiras; nós somos essas fronteiras.[42]

Isso implica que humanos sempre foram máquinas (ou sistemas autopoiéticos no sentido cibernético) e que não há obstáculos que impeçam maior fusão da consciência ou do corpo humano com as tecnologias da informação? Ou há aqui barreiras potenciais? Katherine Hayles, por exemplo, defendeu que:

---

42 D. Haraway, "Manifesto ciborgue: ciência, tecnologia e feminismo-socialista no final do século XX", p. 180 (Conforme edição da Bazar do Tempo).

humanos podem entrar em relações simbióticas com máquinas inteligentes [...] eles podem ser deslocados por máquinas inteligentes [...] mas há um limite para o quão perfeitamente humanos podem se articular com máquinas inteligentes, que permanecem distintivamente diferentes dos humanos em suas corporificações.[43]

Qual a sua posição atual sobre essa questão?

**DH** A resposta curta é que concordo com Katherine Hayles em quase tudo, mas eu diria de um jeito um pouco diferente que, talvez, tenha alguma diferença significativa. É claro que há barreiras. Não posso acreditar na tecnoidiotia extasiada de pessoas que falam em baixar a consciência humana num *chip*.

**NG** Você está falando de Hans Moravec?

**DH** Sim, esses caras realmente falam disso – e são caras. É um tipo de tecnomasculinismo autocaricatural. Eles deviam ter vergonha! Frequentemente, sou incapaz de acreditar que eles realmente querem dizer isso. E daí eu os leio e preciso aceitar que é isso mesmo que eles querem dizer. É burro e bobo, e mal vale a pena comentar sobre isso, exceto que pessoas poderosas se voltem para projetos como esse, e daí você é obrigada a comentar.

Agora, dito isso, também acredito que é possível historicizar através de uma leitura retrospectiva que encontra tipos ciborgues o tempo todo, em todos os lugares, mas eu não gosto disso – não sou lovelockiana. Eu não gosto da metanarrativa de que as coisas sempre foram assim. Acredito que a narrativa do ciborgue é bem limitada historicamente e não tem só a ver com junções entre humanos e máqui-

---

[43] K. Hayles, *How we became posthuman*, p. 284.

nas. Me interesso por diferenças históricas tanto quanto por continuidades e acredito que a maneira ciborgue de produzir quem somos tem uma história bastante recente. Talvez seja possível localizar no fim do século XIX, ou pode ser melhor rastreá-la nos anos 1930, ou na Segunda Guerra Mundial, ou depois. Dependendo do que você quer colocar em primeiro plano, é possível construir essa narrativa de diferentes maneiras, mas é bastante recente.

Ciborgues tem a ver com esse bicho interessante chamado informação, e você realmente não pode tratar disso a-historicamente – como se "informação" se referisse a algo que existe o tempo todo e em todos os lugares. Isso é um erro porque você não atinge a ferocidade e a especificidade do agora.

Também não é possível abordar o "humano" a-historicamente, ou como se o "humano" fosse uma única coisa. "Humano" exige um amontoado extraordinário de parceiros. Humanos, onde quer que você os busque, são produtos de relacionalidades situadas com organismos, ferramentas e muito mais. Somos uma grande multidão, com todas as nossas temporalidades e materialidades (que não aparecem como recipientes umas das outras, mas como verbos que se coconstituem), incluindo as da história da Terra e da evolução. Quantas espécies estão no gênero *Homo* agora? Muitas. E há muitos gêneros para nossos ancestrais próximos e parentes paralelos também.

Se você ainda está interessado em bioantropologia, antropologia física e primatologia, e eu estou, há muitas coisas acontecendo agora na taxonomia que são muito interessantes. Todos esses humanos engajados, de várias formas, em ferramentas, mas também muitos outros animais, inclusive corvos. Pense em tudo que está acontecendo agora nos estudos da cognição e do comportamento dos pássaros. Agora vemos que os pássaros têm um uso de ferramentas muito mais complexo do que nós pensávamos. Isso é relevante na história terrestre. Os ciborgues, porém, são recentes. Humanos enquanto ciborgues são muito jovens e sempre são uma multidão multiespécie – espécie naquele sentido de muitos tipos de jogadores, orgânicos ou não, de que falávamos antes.

**NG** Eu senti que havia uma implicação em sua afirmação de que você sempre leu os humanos como formas de máquinas – uma espécie de leitura cibernética.

**DH** Não. Acho que lovelockianos gostariam que lêssemos os humanos assim, mas eu não leio. Acho essas histórias bem equivocadas. Estou falando sério com a afirmação ontológica de que "isso é o que fomos forçados a nos tornar". Praticamos a vida assim, como ciborgues – mas não é a única maneira como praticamos a vida. Há muitos "nós" aqui, e ninguém é um único "nós", então estou falando sério quando digo que isso é uma afirmação ontológica sobre o mundo, e acredito que sei alguma coisa sobre como chegamos aqui.

Susan Leigh Star foi quem afirmou de maneira mais potente – ela e Geoffrey Bowker, em seu livro *Sorting things out*,[44] em que eles tratam do torque para explicar como as pessoas precisam viver simultaneamente em relação a vários sistemas de padronização obrigatórios, nos quais eles não se encaixam, mas com os quais precisam conviver. É dessa forma que me interesso por essa questão. Não como narrativas pacíficas sobre a história do mundo. Crio metanarrativas o tempo todo. Eu me interesso por grandes histórias, mas não vou deixar que seja uma narrativa única. Os seres humanos sempre estiveram em parceria. Ser humano é ser um amontoado de relacionalidades, mesmo se você está falando do *Homo erectus*. Então, são

---

[44] G. Bowker; S. Star, *Sorting things out: classification and its consequences.*

relacionalidades de ponta a ponta, mas elas não são sempre sobre máquinas e muito menos sobre tecnologias da informação.

**NG** A terceira fronteira discutida no *Manifesto ciborgue* é possivelmente a mais vaga – aquela entre os reinos do "físico e não físico". Seu ensaio original não discute essa fronteira em muitos detalhes, mas isso se tornou um foco nos debates recentes dos estudos de mídia e cultura. Estou pensando, por exemplo, em trocas recentes sobre a conexão entre o material e o virtual[45] ou *hardware* e *software*.[46] Essa conexão entre o físico e o não físico parece central para sua leitura dos corpos como "nodos materiais-semióticos".[47] Isso também parece central para sua discussão posterior sobre propriedade intelectual em *Modest_Witness*.[48] Como você concebe hoje essa fronteira entre "o físico" e "o não físico"?

**DH** Reli essa parte porque é a que menos gosto no *Manifesto*. Foi um tipo de tradução do dualismo mente-corpo e o material-semiótico que isso se tornou – você está certo – e isso ainda é um termo provisório aguardando um esforço para tentar nomeá-lo analiticamente melhor. Há um argumento simples aqui – com o qual Katherine Hayles, acredito, está de acordo – de que o virtual não é imaterial. Quem acha que é, está doido.

Ordenar as fronteiras entre o "físico" e o "não físico" tem sempre a ver com um modo específico de mundificação, e o virtual é, talvez, um dos aparatos que recebe mais investimentos no planeta hoje – esteja você falando de investimento financeiro, de mineração, manufatura, processos de trabalho e

---

45 Ver N. Katherine Hayles, teórica da literatura e crítica literária.

46 Ver Friedrich Kittler, teórico e historiador de mídia.

47 D. Haraway, *Simians, Cyborgs, and Women: The Reinvention of Nature*, p. 208.

48 D. Haraway, *Modest_Witness@Second_Millennium.FemaleMan©_Meets_OncoMouse™*, p. 70–94.

grandes migrações de trabalhadores e terceirizações que provocam grandes debates políticos, crises de estados-nação de vários tipos, reconsolidações de poder nacional de algumas maneiras e não de outras, práticas militares, subjetividades, práticas culturais, arte e museus. Não me importa sobre o que você está falando, mas se você acha que o virtual é imaterial, eu não sei em que planeta você está vivendo!

Mas a palavra nos convida a pensá-la como imaterial, o que é um movimento ideológico. Se algum dia precisamos de análise ideológica, é para entender como o virtual entendido como imaterial é um erro que os teóricos críticos nos ensinaram a ver. Acreditar que de alguma forma há um devir contínuo, sem fricção, é um erro ideológico que deveríamos ficar chocados de ainda sermos capazes de cometer.

Se vamos entender o porquê de ainda o cometermos, precisamos de mecanismos psicanalíticos. Precisamos compreender como funciona nosso investimento nessas fantasias. Devemos entender o investimento psíquico na fantasia, se queremos compreender a maneira como as pessoas leem o virtual como imaterial.

**NG** Um fio comum que vai do *Manifesto ciborgue* até *Modest_Witness* é a ideia de que todas as formas de vida e cultura estão se tornando cada vez mais comodificadas.[49] Em *Modest_Witness*, por exemplo, você descreve em detalhes a comodificação global de recursos genéticos e, com isso, a comodificação da vida ela mesma. Isso pareceria ir contra tentativas vitalistas recentes de procurar os processos criativos na vida. Ao invés disso, você argumenta que patentes reconfiguram organismos na forma de invenções humanas[50] e, paralelamente, a genética se torna

---

[49] Comodificação é o processo por meio do qual algo se torna uma mercadoria e passa a fazer parte de um ciclo de produção e consumo. (N.T.)

[50] D. Haraway, *Modest_Witness@Second_Millennium.FemaleMan©_Meets_OncoMouse™*, p. 82.

um meio para a programação do futuro. Nessa leitura, a vida se torna um espaço de poder assim como de criatividade. No *Manifesto*, você se refere à noção de Foucault de "biopoder"[51] e em *Modest_Witness* você afirma que o ciborgue habita um regime espaçotemporal mutado, o "tecnobiopoder".[52] O que é exatamente o "tecnobiopoder?" E você vê alguma esperança na oposição vitalista à comodificação ou ao *branding* de formas de vida?

**DH** Há muitas perguntas aí. A formulação de Foucault sobre o biopoder permanece necessária, mas ela precisa ser expandida, por assim dizer. Foucault não estava fundamentalmente imerso na remundificação que a figura do ciborgue nos faz habitar. Seu sentido da biopolítica das populações não desapareceu, mas passou por um processo trans, foi retrabalhado, mutado, tecnologizado e instrumentalizado de outra maneira, de um modo que me faz precisar inventar uma palavra nova – tecnobiopoder – para nos fazer prestar atenção ao tecnobiocapital e ao capital ciborgue. Isso inclui entender que o "bio-" aqui é gerativo e produtivo. Foucault entendeu que a produtividade do "bio-" não é apenas humana. Ele entendeu que isso tem a ver com a provocação de produtividades e generatividades da própria vida, e Marx também entendeu isso. Mas temos que dar uma nova intensidade a isso, já que as fontes de mais--valor, falando cruamente, não podem ser teorizadas apenas como força de trabalho humana, embora isso deva permanecer parte do que estamos tentando compreender. Não podemos perder de vista o trabalho humano, mas ele é reconfigurado no capital biotecnológico.

51 D. Haraway, "Manifesto ciborgue: ciência, tecnologia e feminismo--socialista no final do século XX", p. 150 (Conforme edição da Bazar do Tempo).
52 D. Haraway, *Modest_Witness@Second_Millennium.FemaleMan©_Meets_OncoMouse™*, p. 12.

O esforço para produzir outros termos – tecnobiopoder e semiótico-material – é uma outra maneira de alcançar essas múltiplas parcerias que são a fonte da riqueza e a fonte da transformação e apropriação de riqueza e da reconstituição do mundo nas formas das mercadorias, por tudo e o tempo todo, nem sempre por cercamento.[53] A figura que usávamos frequentemente para contar a história da comodificação é a de um cercamento dos comuns, mas isso não é o suficiente. Por exemplo, os genomas não estão sendo cercados (ou não apenas cercados); eles estão vindo à existência pelas ações de muitos jogadores, humanos e não humanos. Os genomas estão gerando novos tipos de riqueza e, como dizem Sarah Franklin e Margaret Lock,[54] novas formas de viver e morrer. O cercamento é uma metáfora estreita demais. Você não consegue entender o tecnobiocapital pelo surgimento de mercadorias agrícolas do século XVIII. Há muito mais acontecendo além do cercamento.

Precisamos de outras figuras para entender que tipos de coisas desempenham um papel na comodificação, onde estão as rachaduras, onde está a vivacidade. Isso é vitalista?[55] Não sei. Não é uma oposição vitalista. Acho que tem a ver com abordar isso tudo com um espírito mais foucaultiano, e não como oposição

[53] O termo cercamento se refere à apropriação de terras comuns ou pequenas propriedades, consolidando-as em grandes terras com um único ou poucos proprietários. O termo remete principalmente a esse processo tal como ele ocorreu na Inglaterra, mas seu uso, sobretudo na literatura marxista, se expandiu para outros processos de apropriação e consolidação de terras comuns ou de pequenos proprietários. (N.T.)

[54] S. Franklin; M. Lock, *Remaking Life and Death*.

[55] Vitalismo se refere a uma tendência na filosofia e no pensamento que pode apresentar uma forte distinção entre o vivo e o não vivo, ou uma visão de mundo marcada por analogias com organismos vivos, ou ainda uma ideia de força ou energia vital. (N.T.)

vitalista. Isso significa habitar as generatividades[56] para compreender que a opressão não é tudo que há e para as fortalecer, construir alianças, criar redes de parentes. Eu falei sobre parentesco como afinidade e escolha, e as pessoas chamaram a atenção, corretamente, que isso soava demais como se todo mundo fizesse escolhas racionais o tempo todo, e isso não é bom o bastante. Há todo o tipo de processos e solidariedades inconscientes em funcionamento em que não se trata de escolhas. Habitar o tecnobiopoder e habitar a configuração material-semiótica do mundo em sua forma das espécies companheiras, em que o ciborgue é uma das figuras, mas não a dominante, é o que estou tentando fazer.

**NG** Em um certo momento, em *Modest_Witness*, você fala da possibilidade de construir novos universais a partir de "humanos e não humanos". Na base deste projeto, está a ideia de que "linhas de fronteiras e listas de atores – humanos e não humanos – seguem permanentemente contingentes, cheias de história, abertas à mudança".[57] Ao lado disso, no entanto, está a ideia no *Manifesto ciborgue* de que a informação é o novo universal e que o que torna a transversalidade entre animais-humanos--máquinas possível é o compartilhamento de códigos e protocolos subjacentes similares. Talvez isso seja um problema, pois uma vez que tudo se torna codificável e pode ser localizado em um "campo de diferença", toda a vida e a cultura compartilham uma similaridade estrutural. Pensadores como Jean Baudrillard[58] descreveram essa situação como "o Inferno do

---

56 Haraway emprega o termo "generatividade", em um primeiro sentido, para se referir a processos ligados à produção, reprodução e criação intra e interespécie, e, em um segundo sentido complementar, em oposição a ideias de destrutividade, destruição etc. (N.T.)

57 D. Haraway, *Modest_Witness@Second_Millennium.FemaleMan©_Meets_OncoMouse™*, p. 67-68.

58 J. Baudrillard, *The Transparency of Evil*.

mesmo", em que a alteridade praticamente desaparece. Isso é uma preocupação para você?

**DH** Sim, totalmente. Acredito que, no *Manifesto ciborgue*, essas seções sobre um recém-criado universal não facultativo não eram sobre uma situação desejável, mas sobre uma ameaça. Acho que muitas pessoas leram aquelas seções como se fosse, estranhamente, algo de que eu era a favor. Nunca foi isso. Eu estava habitando descritivamente um pesadelo, não afirmando o que eu acho ser persistentemente o caso. Nos é exigido, sem opção, viver nesse pesadelo. O pesadelo que se tornou real, mas não é o pesadelo que precisa existir, e ele não é a única coisa que está acontecendo. Assim, habitar o pesadelo não é ceder a ele, como se fosse tudo o que existe, mas é uma maneira de entender que ele não é como as coisas precisam ser. Mesmo enquanto se entende que o pesadelo precisa ser desmantelado, ele não é apenas um sonho. Práticas reais estão sendo mantidas para que ele funcione desse jeito.

Como você o acessa? Como você o freia? Não simplesmente reprimindo tudo – passando mais e mais leis contra ele –, você conhece esse tipo de abordagem de bioética no fim do processo. Mas como você entra nos aparatos de generatividade, inclusive entendendo os prazeres e as possibilidades? Como você entra cheio de recusas, mas não somente de recusas? Acho que Baudrillard de certa forma desiste.

**NG** A maneira como eu leio isso é quase como se tudo se tornasse transversal por compartilhar algo que pode ser trocado.

**DH** Sim, é como se ele acabasse acreditando nesse pesadelo fantasioso do livre-comércio.

**NG** O que ele faz, então, é buscar formas de singularidade que não podem ser trocadas.

**DH** Sim, mas acho que ele cede demais.

**NG** Em relação a isso, eu gostaria de perguntar sobre a sua concepção de "informática da dominação". Em uma das seções mais marcantes do *Manifesto ciborgue*, você lista várias características associadas ao deslocamento das antigas "dominações hierárquicas" do mundo industrial em direção às "novas e assustadoras redes" da era da informação.[59] A mais importante dessas parece ser a metatransição do "patriarcado branco capitalista" para uma "informática da dominação". O que exatamente é uma informática da dominação, e de que maneiras você vê um deslocamento para além de formas de poder ligadas à raça, ao capitalismo e ao patriarcado?

**DH** Usei o termo "informática da dominação" para não precisar dizer "patriarcado branco capitalista imperialista em suas versões tardias contemporâneas"! Foi também uma provocação para repensar as categorias de raça, sexo, classe, nação e assim por diante. As categorias vão embora, elas são intensificadas e refeitas. Talvez devêssemos parar de usar os substantivos. Por outro lado, não se pode simplesmente parar porque a racialização segue feroz. Novas formas de gênero – assim como as antigas – estão entre nós. Você não pode simplesmente desistir delas. Por outro lado, ainda, o termo "informática da dominação" faz duas coisas por mim. Ele torna mais difícil fazer qualquer coisa como uma lista de adjetivos e substantivos. Ele nos força a lembrar que essas formas de globalização, universalização, qualquer-coisização que funciona através da informática são reais e interseccionais.

As redes não são todo-poderosas, elas são interrompidas de um milhão de maneiras. Você pode ficar com sentimentos oscilantes: uma hora elas parecem controlar o planeta intei-

---

[59] D. Haraway, "Manifesto ciborgue: ciência, tecnologia e feminismo-socialista no final do século XX", p. 161 (Conforme edição da Bazar do Tempo).

ro, em seguida, parecem um castelo de cartas. Isso é porque são ambos. E está acontecendo muito mais coisas além disso. Então, se trata de tentar viver nessas margens – não se entregando aos pesadelos de apocalipse, seguindo com as urgências e entendendo que a vida cotidiana é sempre muito mais do que suas deformações – entendendo que mesmo enquanto a experiência é comodificada, voltada contra nós e devolvida como nossa inimiga, nunca se resume a isso. Muitas coisas estão acontecendo que nunca são nomeadas por qualquer teoria dos sistemas, incluindo a informática da dominação.

**NG** Isso está bem alinhado com sua posição no *Manifesto*, em que você se recusa a ver a tecnologia positiva ou negativamente. Por um lado, por exemplo, você delineia os novos "circuitos integrados" do poder militar e capitalista, junto com as práticas de trabalho superexploradoras que caracterizam a nova era da mídia. Por outro lado, você se opõe à ideia de que a dominação é o resultado necessário do desenvolvimento tecnológico.[60] Em *Modest_Witness*, enquanto isso, você se posiciona no "fio da navalha" entre a "*paranoia*" de que "a conexão entre o capital transnacional e a tecnociência, na verdade, define o mundo" e "a *negação* de que grandes práticas distribuídas e articuladas são, na verdade, exuberantes exatamente nessa conexão".[61] Você ainda mantém essa posição?

**DH** A resposta curta é sim. Como poderíamos não ficar apavoradas e numa espécie de paranoia coletiva em que só vemos conexões – esse tipo de fantasia paranoica dos sistemas? Isso é claramente um pesadelo e uma configuração fantástica que é parte do incômodo entre nós. Ao mesmo tempo, porém, você também

[60] D. Haraway, "Manifesto ciborgue: ciência, tecnologia e feminismo-socialista no final do século XX", p. 154.
[61] D. Haraway, *Modest_Witness@Second_Millennium.FemaleMan©_Meets_OncoMouse™*, p. 7.

não consegue lidar com isso com um tecnoêxtase "vamos baixar a consciência humana no *chip* mais recente" e nos livrar, assim, da dor e do sofrimento. E você não consegue se livrar disso com vários tipos de negação – a próxima versão do humanismo, ou reformismo ou "não tem nada de errado na verdade". Algo está seriamente errado mesmo e, ainda assim, isso não é tudo que está acontecendo. Esse é o nosso recurso para refazer conexões – nunca estamos começando do zero.

**NG** Pensando o poder em termos de conexões, parece que ele se torna cada vez mais efetivo concentrando-se "em condições e interfaces de fronteira, em taxas e fluxos cruzando fronteiras, e não na integridade de objetos naturais".[62] Isso significa, por sua vez, que a resistência – se podemos usar esse nome – pode se desenvolver por meio da falência da comunicação, ou da não formulação de códigos que impedem a tradução fácil de todas as formas naturais-culturais. Nessa luz, o ruído – esse termo-chave do pensamento cibernético – tem cada vez mais importância política?

**DH** Sim, acredito que sim. Alguns dos fenomenólogos no Chile antes do período de Pinochet estavam interessados na desagregação. Esse é um espaço extraordinariamente interessante, em que você toca em coisas que não estão funcionando e em que a fantasia da comunicação perfeita é insustentável. Talvez por causa da minha herança católica de fascinação com a figuração, estou interessada em tropos como lugares para onde você viaja. Tropos são muito mais do que metáforas e metonímias e a estreita lista ortodoxa. O ruído é apenas uma das figuras, dos tropos que me interessa. Tropos têm a ver com gaguejar, tropeçar. Eles têm a ver com desagregações, e é por isso que

---

[62] D. Haraway, "Manifesto ciborgue: ciência, tecnologia e feminismo-socialista no final do século XX", p. 212 (Conforme edição da Bazar do Tempo).

eles são criativos. É por essa razão que você chega em algum lugar onde não tinha ido antes, porque algo não funcionou.

**NG** Além disso, você dá um papel importante ao "trabalho do sonho" em sua obra. Você diz que esse não é o trabalho de sonho na forma associada ao inconsciente freudiano,[63] mas uma tentativa de mapear como as coisas estão e como elas poderiam ser diferentes (o que você entende como o projeto da teoria crítica). Esse encontro imaginário com a alteridade parece estar no núcleo do que você chama de "crítica".[64] Como a crítica, definida dessa maneira, aparece no *Manifesto*?

**DH** Acho que há uma espécie de esperança fantástica que atravessa um manifesto. Há uma espécie de insistência sem fiador de que a fantasia de outro lugar não é escapismo, mas uma ferramenta poderosa. A crítica não é futurismo ou futurologia. Ela trata do aqui e agora, se formos capazes de aprender que somos mais poderosos do que pensamos, e que a máquina de guerra não é quem somos. Você não tem nenhum fundamento para isso, é uma espécie de ato de fé. Mas é também um ato de reconhecimento de como é a sua vida, não só a sua própria vida, assim, é também um tipo de sensibilidade etnográfica, que nos leva a passar um bom tempo com outras pessoas, o que faz com que a gente entenda que as vidas delas, mesmo nas piores condições, não estão encerradas. Você precisa se arriscar para perceber como as vidas das pessoas seguem; as pessoas não são simplesmente esmagadas, mesmo nas piores das situações, mas elas estão sobrecarregadas.

**NG** Sua ideia de trabalho do sonho como crítica também levanta questões interessantes sobre a conexão entre teoria e ficção. Quando encontrei pela primeira vez o ensaio *Cibor-*

---

[63] D. Haraway, *The Haraway Reader*, p. 323.
[64] Ibid., p. 326.

*gues e o espaço*, de Manfred Clynes e Nathan Kline, tratando de viagem espacial, achei que ele se lia como ficção científica, com sua ênfase em alterar "as funções corporais do homem para atender as exigências dos ambientes extraterrestres".[65] No início do seu *Manifesto ciborgue*, você segue um caminho parecido, definindo ciborgue como "uma criatura da realidade social e também uma criatura da ficção".[66] Mais tarde, em *Modest_Witness*, você descreve organismos transgênicos como "ao mesmo tempo totalmente ordinários e material para ficção científica".[67] Isso implica que não há uma divisão clara entre a "realidade social" (seja lá o que isso for) e a ficção? E como fica a teoria (social)? Isso é simplesmente outra forma de ficção ou é algo que deveria ser tratado de outra maneira?

**DH** Bom, isso é mais uma dessas formas para que eu tente atingir o que eu vivencio no mundo, que é a implosão. As linhas divisórias tentam ordenar as coisas suficientemente bem, às vezes por boas razões. Há, de vez em quando, boas razões para pôr em ordem a diferença entre realidade social e ficção científica, mas, na realidade, não deveríamos acreditar que essas categorias estão de alguma maneira preestabelecidas ontologicamente como coisas diferentes.

**NG** Então, categorias e conceitos são ficções?

**DH** Eles são sempre provisórios. Se por ficções se quer dizer inventado, então não. Mas se por ficções se quer dizer o que eu tentei descrever em *Primate visions* (1990) – fazer ativo – então sim. Fato e ficção têm essa interessante conexão etimológica, e fato é o particípio passado – já feito –, e a ficção ainda está

---

65 M. Clynes; N. Kline, *Cyborgs and Space*, p. 29.

66 D. Haraway, "Manifesto ciborgue: ciência, tecnologia e feminismo-socialista no final do século XX", p. 149 (Conforme edição da Bazar do Tempo).

67 D. Haraway, *Modest_Witness@Second_Millennium.FemaleMan©_Meets_OncoMouse™*, p. 57.

155 — O manifesto das espécies companheiras

sendo feita. Se é assim que entendemos ficção, então sim. Minha razão para ter dificuldades para responder essa pergunta é porque ela presume que a realidade social e a ficção científica, ou a ficção em geral, simplesmente estão aí, e então há essa linha divisória e ela pode ser removida voluntariamente.

**NG** Não necessariamente. Eu estava me perguntando como você concebia isso.

**DH** Tenho dificuldades para responder por causa da sintaxe dela. Parte do que compõe o mundo real é o trabalho semiótico – inclusive o trabalho do sonho –, e Clynes e Kline são um ótimo exemplo. Eles estavam de fato envolvidos em projetos reais, em um ambiente institucional de vários projetos reais. A realidade social estava sendo produzida ali, e era um fantástico trabalho do sonho.

**NG** No contexto do *Manifesto ciborgue*, então, quando você diz que ciborgue é uma criatura da realidade social assim como uma criatura da ficção, nunca é um ou um ou outro, mas sempre ambos.

**DH** Sim, é sempre ambos. Isso não quer dizer que você não deva fazer algum trabalho de ordenar, mas lembre-se que está ordenando.

**NG** Só para seguir nessa questão de método. Em uma entrevista recente, você fala não de categorias ou conceitos estáticos, mas de "tecnologias de pensamento que tem materialidade e efetividade".[68] O que são tais tecnologias? E, talvez em um assunto diferente, você também parece ser contra o que você chama da "tirania da clareza" que continua a governar a pesquisa hoje. Por quê? Parte da razão, presumo, é porque você está procurando conexões complexas, ontologias sujas...

**DH** ... e atenção incansável ao fato de que no mundo se trata de tropeçar, na comunicação se trata de tropeçar, que toda

---

[68] D. Haraway, *The Haraway Reader*, p. 335.

linguagem é trópica, inclusive a linguagem matemática. A própria quantificação é uma prática extraordinária de criar tropos que são muito poderosos e extremamente interessantes. Ela deveria ser nutrida e sustentada. Muito mais dinheiro deveria ir para os matemáticos. A tirania da clareza tem a ver com a crença de que qualquer prática semiótica é imaterial. É o mesmo erro de pensar que o virtual é imaterial. É o erro de pensar que as trocas, a comunicação, a conversa, o engajamento semiótico, são livres de tropos ou imateriais. Novamente, é aquele compromisso ideológico.

**NG** E as tecnologias de pensamento? O que são elas e como fazê-las funcionar?

**DH** Acredito que todo tipo de coisa entra nessa categoria da qual já estávamos falando. Mas vamos tentar nomear algumas delas com um pouco mais de trabalho de fronteiras e desenhar algumas fronteiras usáveis a mais em torno delas. Penso que treinar meu cachorro, a Cayenne, é uma tecnologia de pensamento para nós duas porque isso nos provoca, através da prática de nosso aprendizado de como nos concentrarmos uma na outra, e fazemos algo que nenhuma de nós podia fazer antes ou conseguíamos fazer sozinhas, e o fazemos de maneira regrada, jogando um jogo específico, com regras arbitrárias que permitem que você jogue ou invente algo novo, algo além da comunicação funcional, algo aberto. Na verdade, isso é exatamente o que é o jogar: um jogo a que é dado um espaço suficientemente seguro para fazer algo que seria perigoso em outra situação. Cachorros sabem que, quando fazem uma mesura,[69] conseguem que você faça coisas que você não faria se eles não tivessem feito a mesura. Eles enviaram um sinal

---

[69] O termo em inglês é *play bow*, também traduzido como posição de reverência. É o indicativo do cão de que deseja brincar ou de que o que ele está fazendo é brincadeira. (N.T.)

metacomunicativo ao seu parceiro de que eles não vão atacá-lo. É lido assim, e isso cria, então, um interessante espaço livre onde os jogadores podem fazer coisas que lhes dá forma como seres materiais-semióticos que são outros em relação ao que eram antes.

Jogar é muito interessante, e nós, humanos, estamos longe de ser os únicos que o fazem. Meus cachorros e eu temos uma prática de treino. É uma tecnologia de pensamento, em parte porque me faz entender de outra maneira o que Charis Thompson[70] chama de coreografia ontológica, e me faz chegar de modo diferente à material-semiose e pensar conexões e invenções. Mas esse é apenas um pequeno domínio das tecnologias de pensamento. Também acredito que práticas etnográficas são tecnologias de pensamento. Acredito que praticamente qualquer projeto de conhecimento sério é uma tecnologia de pensamento na medida em que refaz seus participantes. Ela toca dentro de você e, depois, você não é o mesmo. As tecnologias arranjam o mundo para certos propósitos, mas vão além da função e do propósito em direção a algo aberto, algo não ainda.

**NG** Nesse sentido, talvez um diálogo possa ser visto como uma tecnologia de pensamento. Estou pensando, por exemplo, no *Banquete* de Platão e como nunca se entra em um diálogo no mesmo lugar em que se deixou o diálogo, pois as coisas mudam ao longo dele.

**DH** Exatamente. O trabalho dialógico é exatamente esse. Não se trata de síntese dialética, a não ser provisória e parcialmente.

**NG** Outro aspecto-chave da sua metodologia é o que você chama de "pragmática", que, como eu entendo, se refere a uma

---

70 C. Thompson, *Making Parents: The Ontological Choreography of Reproductive Technologies*.

tentativa de criar conexões entre, por exemplo, objetos, espécies e máquinas, e de seguir essas conexões meticulosamente para ver como elas funcionam. Você dá os exemplos de "*chip*, gene, ciborgue, semente, feto, cérebro, bomba, banco de dados, ecossistema" e diz que "eles são densidades que podem ser relaxadas, desdobradas, explodidas, e elas levam a mundos inteiros, a universos sem paradas, sem fins".[71] Nessa abordagem, a "relação" é tomada como "a menor unidade de análise possível".[72] Mas como você sugere que tal trabalho funciona, dado que as relações entre as entidades acima não são infinitas, mas estão constantemente mudando? Que dificuldades você vê em estudar conexões entre entidades que estão evoluindo de maneira acelerada? Não há perigo de que tal pesquisa esteja cada vez mais atrasada em relação ao presente?

**DH** As coisas estão mudando rápido e isso é, acredito, um fato. Mas acredito também que há muitas continuidades que esquecemos quando ficamos em uma euforia da velocidade em nosso pensamento. Há uma euforia meio [Paul] Virilio desse aspecto da velocidade da nossa teoria cultural que nos engana. Eu fico tão surpresa pelas continuidades espessas quanto pelas profundas remodelações e rápidas mudanças tremeluzentes que estão acontecendo. Penso que devemos prestar atenção nas continuidades espessas como uma espécie de profilático contra a euforia da velocidade como estética cultural ou cultural-teórica. Isso é uma das coisas. A outra é que não precisamos tanto de métodos, e sim de práticas, e já estamos engajados nelas.

Além disso, não creio que, na maioria dos casos, nós realmente escolhemos o que importa para nós como trabalha-

---

71 D. Haraway, *The Haraway Reader*, p. 338.

72 Ibid., p. 315.

dores intelectuais. Acho que, de alguma maneira, aceitamos o que fomos convocados a fazer. Há um sentido de convocação ética, intelectual e física em responder onde nos encontramos, com quem nos encontramos e o que descobrimos ser. Acho que essa é uma espécie de pergunta ética sobre responsividade em vez de escolha. Não se trata muito de escolha. Não me parece que sentamos e decidimos o que é importante. Acho que aceitamos de algum modo o que está acontecendo, e o método de trabalho é incansavelmente colaboracionista.

Assim, se você se senta e olha para meu pequeno grupo de parentes – *chip*, gene, ciborgue, semente, feto, cérebro, bomba, ecossistema, espécie –, ele é colaboracionista. Precisamos levar realmente a sério que ninguém faz tudo, e é assim que praticamos nossas práticas performáticas e de citação. Entendemos como reconhecer e construir "nós" como um método. Essa é a prática, incluindo agarrar-se a heranças – não deixar que as pessoas esqueçam que ainda precisamos ler Weber, por exemplo.

**NG** Sim, o que você acabou de dizer me lembrou da vocação ou *Beruf* de Weber.[73]

**DH** Exatamente. Ficamos impressionados demais pela euforia da mudança e prestamos muito pouca atenção ao que de fato se agarra a nós e a que devemos responder.

**NG** Finalmente, uma coisa sempre me intrigou: de que maneira o *Manifesto ciborgue* é de fato um manifesto? Esse texto sempre me pareceu muito aberto e bastante distante das afirmações

---

[73] Max Weber (1864–1920), em obras como *Ciência como vocação*, *Política como vocação* e em seu clássico *A ética protestante e o espírito do capitalismo*, retoma a história da ideia de vocação (*Beruf*, em alemão). Para o sociólogo, ela possui uma raiz no protestantismo de Lutero e é crucial para a formação do capitalismo do século XX, em que o trabalho não é mais entendido como uma atividade imposta externamente, mas como um chamado interno, uma vocação para um ofício. (N.T.)

dogmáticas ou normativas que geralmente estão no centro dos manifestos. Com efeito, você se descreveu como "uma das leitoras do manifesto, não uma das escritoras".[74] Vinte e um anos depois da publicação do *Manifesto*, como você pensa que ele perdura enquanto manifesto no sentido político?

**DH** De modo direto, por um lado, com a persistente piada séria de estar em uma linhagem, e tentando aceitar minha herança persistente como leitora de Marx, ou do *Manifesto comunista* mais especificamente. Por outro lado, a tradição literal dos manifestos, o que nos leva de volta à pergunta de Lenin: o que fazer? Quem somos nós, quando estamos nós, onde estamos nós e o que fazer? Nesse sentido, o *Manifesto ciborgue* está em uma tradição política, e continuo lendo-o dessa maneira. É um texto aberto, devido ao que o *Manifesto* fala sobre o mundo, um mundo sem partidos de vanguarda. Já não é tanto "trabalhadores do mundo, uni-vos" – embora seja também isso, junto com a tarefa nem um pouco óbvia de entender quem são os trabalhadores do mundo. Essa é uma questão fervilhante – pergunte para qualquer pessoa que esteja tentando organizar sindicatos efetivos hoje em dia. Para mim, porém, é mais "espécies companheiras do mundo, uni- -vos". Acho que no *Manifesto ciborgue* eu teria dito "ciborgues do mundo, uni-vos". No entanto, agora estou tentando usar esse termo sem sofisticação – espécie companheira – que muitas pessoas querem que signifique a senhora com seu cachorrinho desprezada por Deleuze.

Minhas amigas feministas e outras pessoas pensaram em 1980 que o ciborgue era péssimo. Isso é uma simplificação, mas essa era a atitude reinante em relação à ciência e à tecnologia entre meus amigos. Havia um ponto de vista realista in-

---

[74] D. Haraway, *The Haraway Reader*, p. 325.

sustentável, quase positivista, sobre a ciência que acredita que você pode realmente dizer o que você quer dizer não tropicamente, ou, por outro lado, um programa anticiência de voltar à natureza. O *Manifesto ciborgue* era uma recusa de ambas as abordagens, mas sem recusar uma aliança persistente. O *Manifesto* argumentava que você pode, até deve, habitar o espaço desprezado. O espaço desprezado naquela época era o ciborgue, o que não é verdade agora. De certa maneira, o espaço desprezado agora é a senhora com seu cachorro no capítulo sobre o "devir-animal" de Deleuze e Guattari.

Me recusei até o ano passado a ler Deleuze e Guattari. Sou uma leitora muito recente e agora sei por que me recusava a ler suas obras. Todo mundo ficava me dizendo que eu era uma deleuzeana e eu respondia: "de jeito nenhum". Essa é uma maneira de fazer pensadoras parecerem derivadas de filósofos homens, frequentemente seus contemporâneos – derivadas ou a mesma coisa, quando não somos nenhuma das duas. O meu Deleuze é o feminismo transmutante de Rosi Braidotti,[75] uma história totalmente diferente.[76]

**NG** Eu notei esse hábito em Latour.

**DH** Ele já foi cobrado por isso muitas vezes. Mas ele tem jeito, vai conseguir! Agora ele cita, em suas publicações, [Isabelle] Stengers, Charis Thompson, Shirley Strum e até eu.[77] As práticas de citação não são simétricas, mas aqui a troca é real. Contudo, muitos ainda imaginam que o pensamento feminista veio do que vou chamar de "equivalentes de Deleuze",

---

[75] Rosi Braidotti, nascida em 1954, é filósofa, feminista e professora da Utrecht University. Sua obra é de grande relevância para o feminismo contemporâneo e o debate pós-humano. (N.T.)

[76] Por exemplo, R. Braidotti, *Transpositions*.

[77] Por exemplo, B. Latour, *Pandora's Hope: Essays on the Reality of Science Studies*.

que às vezes são nossos companheiros intelectuais, às vezes não, e às vezes simplesmente fazem outra coisa. Minha pequena rebelião tem sido, em muitos casos, me recusar a lê-los. Mais importante é que eu leio, no cotidiano, aquelas que não têm nome público – e, no entanto, as leio muito mais cuidadosamente. Isso é, em parte, algo sobre o qual não se tem escolha na prática de trabalho de professora. A leitura e as práticas de citação precisam ser de algum modo sincronizadas. Ler Mary, Astrid, Gillian, Eva, Adam, Jake, Heather, Natasha e muitos outros – isso desenha minha linha de fuga melhor do que uma genealogia. Esses são os nomes de espécies companheiras, todas perguntando: o que fazer?

— Referências

BAUDRILLARD, Jean. *The Transparency of Evil*. Londres: Verso, 1993. [Ed. bras.: *A transparência do mal*. Campinas: Papirus, 1992].

BOWKER, Geoffrey; STAR, Susan. *Sorting Things Out: Classification and Its Consequences*. Cambridge: MIT Press, 1999.

BRAIDOTTI, Rosi. *Transpositions*. Londres: Polity, 2006.

CLYNES, Manfred; KLINE, Nathan. "Cyborgs and Space." *In:* GRAY, Chris (ed.). *The Cyborg Handbook*. Londres: Routledge, 1995.

DELEUZE, Gilles; GUATTARI, Félix. *A Thousand Plateaus: Capitalism and Schizophrenia*. Londres: Athlone, 1987. [Ed. bras.: *Mil platôs: capitalismo e esquizofrenia* (5 volumes). São Paulo: Editora 34, 1997].

DERRIDA, Jacques. "The Animal That Therefore I Am." *Critical Inquiry*, nº 28, vol. 2, 2002, p. 369–417. [Ed. bras.: *O animal que logo sou*. São Paulo: Unesp, 2002].

DERRIDA, Jacques. *L'Animal que donc je suis*. Paris: Galilée, 2006.

FRANKLIN, Sarah. *Dolly Mixtures: The Remaking of Genealogy*. Durham: Duke University Press, 2007.

FRANKLIN, Sarah; LOCK, Margaret (eds.). *Remaking Life and Death*. Santa Fe, NM: School of American Research, 2003.

HARAWAY, Donna. *Primate Visions*. Londres e Nova York: Routledge, 1990.

HARAWAY, Donna. "A Cyborg Manifesto: Science, Technology and Socialist Feminism in the Late Twentieth Century". *In: Simians, Cyborgs, and Women: The Reinvention of Nature*. Londres: Free Association Books, 1991a. [Ed. bras.: "Manifesto ciborgue: ciência, tecnologia e feminismo-socialista no final do século XX", trad. Thomaz Tadeu. *In: Antropologia do ciborgue: as vertigens do pós-humano*. Belo Horizonte: Autêntica, 2000, e HOLLANDA, Heloisa Buarque de (org.). *Pensamento feminista: conceitos fundamentais*. Rio de Janeiro: Bazar do Tempo, 2019].

HARAWAY, Donna. *Simians, Cyborgs, and Women: The Reinvention of Nature*. Londres: Free Association Books, 1991b.

HARAWAY, Donna. *Modest_Witness@Second_Millennium. FemaleMan©_Meets_OncoMouse™*. Londres e Nova York: Routledge, 1997.

HARAWAY, Donna. *The Companion Species Manifesto*. Chicago: Prickly Paradigm Press, 2003. [Ed. bras.: *O manifesto das espécies companheiras*. Rio de Janeiro: Bazar do Tempo, 2021].

HARAWAY, Donna. *The Haraway Reader*. Londres e Nova York: Routledge, 2004.

HARAWAY, Donna; SCHNEIDER, Joseph. "Conversations with Donna Haraway". *In:* SCHNEIDER, Joseph. *Donna Haraway: Live Theory*. Londres e Nova York: Continuum, 2005.

HAYWARD, Eva. *Jellyfish Optics: Immersion in Marine TechnoEcology*. Artigo apresentado na reunião da Society for Literature and Science, em Durham, 2004.

HAYLES, Katherine. *How We Became Posthuman*. Chicago: University of Chicago Press, 1999.

HUTCHINSON, Evelyn. *The Kindly Fruits of the Earth: Recollections of an Embryo Ecologist*. New Haven: Yale University Press, 1979.

KING, Katie. *Networked Reenactments: Stories Transdisciplinary Knowledges Tell*. Durham: Duke University Press, 2012.

LATOUR, Bruno. *Pandora's Hope: Essays on the Reality of Science Studies*. Cambridge: Harvard University Press, 1999. [Ed. bras.: *A esperança de Pandora*: ensaios sobre a realidade dos estudos científicos. São Paulo: Unesp, 2017].

MACARTHUR, Robert; WILSON, Edward. *The Theory of Island Biogeography*. Princeton: Princeton University Press, (1967) 2001.

RITVO, Harriet. *The Animal Estate*. Cambridge: Harvard University Press, 1987.

SCHRADER, Astrid. *Dinos, Demons, and Women in Science: Messianic Promises, Spectre Politics, and Responsibility* (ensaio de qualificação). University of California at Santa Cruz, 2006.

SCHNEIDER, Joseph. *Donna Haraway: Live Theory*. Londres e Nova York: Continuum, 2005.

SHANNON, Claude; WEAVER, Warren. *The Mathematical Theory of Communication*. Chicago: University of Illinois Press, 1949.

STENGERS, Isabelle. *Penser avec Whitehead*. Paris: Seuil, 2002.

THOMPSON, Charis. *Making Parents: The Ontological Choreography of Reproductive Technologies*. Cambridge: MIT Press, 2005.

WEAVER, M. "The (Al)lure of the Monstrous: Transgender Embodiments and Affects that Matter". Artigo apresentado na reunião da Society for Social Studies of Science em Pasadena, Califórnia, 2005.

WOLFE, Cary (ed.). *Zoontologies: The Question of the Animal.* Minneapolis: University of Minnesota Press, 2003.

— A autora do *Manifesto das espécies companheiras* manda um *e-mail* para seus entusiastas de cachorros[1]
Donna Haraway
4 de outubro de 2002

Olá, amigos,

Abaixo está um pequeno e indulgente texto animal da – oh! – gatolândia, e não da cachorrolândia. Eu e Rusten estamos em uma relação sem gatos com o mundo desde a morte, cinco anos atrás, de Moses; ele tinha 21 anos de idade e, antes da adoção, era um gato de rua. Mas isso acabou. Uma gata de rua magricela tigrada de pelo cinza teve uma ninhada de quatro filhotes perto do celeiro esta primavera e, infelizmente, foi atropelada por um carro na rua Mill Creek. Já vínhamos completando a alimentação dela na época e adotamos seus filhotes de cinco semanas de idade para o valoroso trabalho de gatos de fazenda.[2] Todos os quatro estão florescendo e seguem bastante ariscos. Um dos pretinhos (que agora sabemos ser um macho e que tem o nome de Spike, personagem de *Buffy, a caça-vampiros* que está sempre vestida de preto) me deixa pegá-lo no colo e coçá-lo, mas os outros estão satisfeitos com serviços humanos na forma de água e comida.

---

[1] Publicado originalmente como "The Writer of the Companion-Species Manifesto Emails Her Dog-People" no número 21, volume 1, da revista *a/b: Auto/Biography studies*, 2006. Tradução de Fernando Silva e Silva.

[2] A expressão gatos de fazenda, "*barn cats*" no original, se refere aos gatos que vivem em propriedades rurais e controlam a população de roedores e outras pragas pequenas. Supõe-se ser essa a origem da domesticação dos gatos há mais de 9 mil anos. (N.T.)

No mais, eles preferem a companhia um do outro e um celeiro cheio de roedores. Spike, o manso – e também o menorzinho da ninhada –, talvez se descubra um ocasional gato de casa quando chegar o inverno, se ele concordar com a transição. E se eu conseguir convencer Cayenne, minha cadela, a aceitar compartilhar seu sofá com um felino... no momento, ela alterna entre um terror de gatos (causado pelo gato de sua madrinha, Sugar) e a ideia de que eles são um apetitoso lanche.

 Capturamos todos eles, um de cada vez, com a ajuda da Forgotten Felines do condado de Sonoma e os esterilizamos e vacinamos contra raiva e panleucopenia. O acordo com a Forgotten Felines, se eles ajudam a capturar e devolver os gatos, é a promessa dos humanos de alimentar esses gatos de rua pela duração de suas vidas – com uma expectativa de oito a nove anos, comparada a de um a dois anos para um gato de rua que não é alimentado regularmente por humanos e a de quinze a vinte anos de um gato de estimação bem cuidado. O veterinário que está apoiando e a loja agropecuária que aluga as armadilhas dizem que há provavelmente milhares de gatos de rua esterilizados no condado de Sonoma que têm sua alimentação complementada. Insistindo que usássemos armadilhas, o veterinário não nos deixava levar os gatos até seu consultório em caixas de transporte normais por causa de um histórico de mordidas e arranhões sérios causados por gatos de rua em preparação para cirurgias.

 A nossa esperança é que os gatos tenham uma boa vida controlando os roedores, de modo que possamos voltar a estacionar ao lado do celeiro sem oferecer habitação aquecida e de baixo custo na ventilação do nosso carro para camundongos em reprodução. Espera-se também que nossos felinos impeçam que outros gatos de rua se assentem por aqui. Espero que eles entendam esse contrato! Por enquanto, carregando nomes vindos das séries de TV *Buffy* e *Dark Angel*, eles são gordos, safados e lindos. Venham logo nos visitar e vejam Spike (macho preto), Giles (macho preto), Willow (fêmea tigrada cinza escuro) e Max (fêmea tigrada cinza claro). Vocês notaram que uma das tigradas tem o nome da Max, de *Dark Angel*, que é marcada com um código de barras? Mudaríamos o nome da Willow, se vocês sugerirem outro personagem de TV que tenha um código de barras. Alguma ideia?

Rusten e nossa vizinha de terra, Susan Caudill, decidiram que nossos gatos passaram pela experiência definidora da abdução alienígena – serem levados de sua casa, sem qualquer aviso, por gigantes de aparência estranha e origem desconhecida; mantidos em isolamento em um local escuro por um tempo; levados para uma instalação médica cromada e muito iluminada; submetidos à penetração de agulhas e alterações reprodutivas forçadas; devolvidos ao seu local de origem e libertados como se nada tivesse acontecido, na expectativa de seguirem suas vidas até a próxima abdução em um momento futuro desconhecido.

Como seres que passaram por cirurgias e vacinações e, portanto, foram interpelados pelo Estado biopolítico moderno, esses gatos ganharam nomes que combinam com suas identidades históricas e estatuto de sujeitos. Pense, onde mais, e quando mais, nas co-histórias hominídeo-felinas, as crias de uma gata de rua morta:

1 seriam adotadas em um lar de pessoas pacifistas de meia-idade, cientificamente treinadas e excessivamente educadas;
2 seriam assistidas por uma organização voluntária de bem-estar animal com uma ideologia quase de natureza selvagem e um fraco por discursos de direitos animais;
3 se tornariam os recipientes da doação de tempo e serviços de um veterinário treinado em uma universidade

centrada nas ciências do pós-Guerra Civil instalada em terras estatais cedidas;

4 seriam capturadas por uma tecnologia de captura e devolução projetada para se livrar de pestes sem a mancha moral de matá-las (a mesma tecnologia projetada para deslocar animais silvestres em parques nacionais e similares);

5 receberiam soros ligados à história da imunologia e a Pasteur em particular;

6 seriam alimentadas com MaxCat, ração especialmente formulada para filhotes de gato e certificada por uma organização de padronização nacional e regulada por leis de etiquetação de alimentos;

7 ganhariam nomes inspirados em personagens adolescentes que matam vampiros ou modificados geneticamente da televisão estadunidense;

8 e, ainda assim, seriam considerados animais silvestres?

É isso o que Muir[3] quis dizer? Na natureza selvagem há esperança...

Com muito amor,<br>Donna

P.S.[4] Pego emprestado o termo interpelação da teoria do pós-estruturalista e filósofo marxista francês Louis Althus-

---

3 Haraway se refere a John Muir (1838–1914). Muir foi um importante pensador e cientista multisciplinar pioneiro da conservação ecológica nos Estados Unidos. Seu trabalho e ativismo influenciaram a criação dos parques nacionais estadunidenses. (N.T.)

4 Este pós-escrito retoma, com pequenas alterações, algumas páginas do *Manifesto das espécies companheiras*. (N.T.)

ser sobre como sujeitos são constituídos a partir de indivíduos concretos ao serem "convocados", pela ideologia, a assumirem suas posições de sujeito no Estado moderno. No início do século XX, os franceses resgataram a palavra da obsolescência (antes de 1700, em inglês e francês, "interpelar" significava "interromper ou se intrometer em uma fala") para se referir a "convocar um ministro da câmara legislativa para explicar as políticas do atual governo". Hoje em dia, por meio das nossas narrativas ideologicamente carregadas sobre suas vidas, os animais "convocam" a nós, entusiastas de animais, a assumir a responsabilidade dos regimes em que eles e nós devemos viver. Nós os "convocamos" para dentro de nossos construtos de natureza e cultura, com grandes consequências de vida e morte, saúde e doença, longevidade e extinção. Nós também convivemos carnalmente uns com os outros de maneiras que não foram esgotadas por nossas ideologias. É aí que está nossa esperança.

Ops! Estou violando uma das maiores regras do "Notas da filha de um jornalista esportivo": nenhum desvio das próprias histórias animais. Lições devem ser parte inextricável da "verdadeira história"; essa é uma regra da verdade como estilo para aqueles de nós que acreditam que o signo e a carne são uma coisa só. Este grupo é a população de católicos praticantes ou relapsos e seus parceiros de viagem.

Relatando apenas os fatos, contando uma história verdadeira; fato e ficção; "Notas da filha de um jornalista esportivo". O trabalho de um jornalista esportivo é relatar a história. Sei disso porque, quando criança, eu costumava sentar na sala de imprensa do estádio de beisebol Denver Bears, tarde da noite, e assistir a meu pai escrever e publicar suas histórias dos jogos. Um jornalista esportivo, talvez mais que outros jornalistas, é definido por um trabalho curioso – contar um acontecimento com uma história composta exclusivamente de fatos. Quanto mais vívida a prosa, melhor; na realidade, se criada fielmente, mais potentes os tropos, mais verdadeira a história. Meu pai não queria ter uma coluna de esportes, uma atividade mais prestigiada no seu ramo. Ele queria escrever relatos dos jogos, queria estar perto da ação, contar as coisas como elas aconteceram; ele não queria procurar escândalos e os melhores ângulos para a meta-história – a coluna. Meu pai tinha fé no jogo, onde fato e narrativa convivem.

# — Revisitando a gatolândia em 2019: situando habitantes do Chthuluceno[1,2]
## Donna Haraway

O florescimento multiespécie coletivo em tempos incômodos é uma tarefa difícil para os terráqueos hoje em dia. Os tempos tramados dos seres ctônicos,[3] dos bichos da terra, de todos nós que vivemos e morremos comprometidos na carne uns com os outros, não acabaram. Esses tempos são situados historicamente de modo tão denso quanto sempre foram. Se os gatos de rua em Healdsburg, na Califórnia – que foram colocados em condições neoliberais e deram espírito à luta por justiça multiespécie –, motivaram meu *e-mail* de 2002, são os três gatos, anteriormente de rua, da minha vizinha em Santa Cruz que me dão o que pensar.

Eles levam meus cachorros a surtos de latidos na hora de dormir, mas é o papel dos felinos de criar um tipo de equilíbrio tenso com os ratos residentes que captura minha atenção. Levando em conta apenas mamíferos e pássaros, muitos

---

[1] Publicado originalmente como "Revisiting Catland in 2019: Situating Denizens of the Chthulucene" no número 34, volume 3, de 2019 da revista *a/b: Auto/Biography studies*. Tradução de Fernando Silva e Silva.

[2] Este texto foi pensado como uma nova introdução, treze anos depois, ao texto *A autora do Manifesto das espécies companheiras manda um e-mail para seus entusiastas de cachorros*. (N.T.)

[3] Em seus textos mais recentes, Haraway utiliza com frequência o adjetivo ctônico. Em grego antigo, *khthónios* significa subterrâneo (*khthón* é uma das palavras para terra), e esse termo é usado frequentemente para opor as divindades e criaturas das profundezas aos deuses olímpicos, associados aos céus. Para Haraway, os seres ctônicos se referem a uma vasta gama de animais, vegetais, fungos, bactérias e outros bichos que, na longa duração, produziram e produzem a vida e os ambientes. (N.T.)

tipos e indivíduos animais que estão estreitamente associados a seres humanos californianos contemporâneos de classe média povoam o meu pátio – pequenas galinhas garnisés, pássaros canoros, gralhas-pretas, beija-flores, um *terrier* adotado de San José e um cão-de-taiwan adotado. Então, atraídos pela ecologia natural-social bagunçada de pilhas de compostagem, comedouros de pássaros, água para os cachorros, jardins, arbustos de frutinhas, cercas para galinhas, há guaxinins, cangambás e ratazanas competindo por uma refeição barata, mesmo que coiotes tenham sido vistos andando pela rua e no quintal. Todos vivemos aqui, mas acho que apenas esses humanos, galinhas e ratos específicos vivem em terras roubadas. Bom, alguns dos pássaros também. Porém, a minha história se volta agora para os ratos abundantes.

    Nossa vizinha não deu conta dos ratos; eu e meu marido não demos conta dos ratos; os ratos dançaram com as galinhas bem debaixo da janela do meu escritório pela manhã enquanto pintarroxos e pardais saltitavam buscando grãos gratuitos e ignorando completamente os ratos. Meus cachorros jovens e rápidos matavam ratos eficientemente quando eles corriam de noite, mas eles também ficaram velhos e não deram conta. Então, chegaram três gatos competentes. Ornamentados com suas orelhas marcadas da captura para adoção e recebendo uma nova chance na vida, eles se mudaram para a casa ao lado para viver e para matar roedores. Eles receberam a tarefa de manter alguma ordem na composição de espécies nos quintais da avenida Cleveland. Funciona, se não fizermos muitas perguntas aos pássaros. Ninguém nessa quadra diz mais que não está dando conta dos ratos. Isso mantém a minha mente no viver e morrer em combinações não inocentes; me situa na trumplândia. Mas tenho saudades dos jovens ratos sem-vergonha no galinheiro de manhã. Lamento suas mortes ratíneas, mas continuarei a apoiar seus assassinos. Sou uma terráquea historicamente situada. Me recuso a usar esses ratos buscando comida como uma metáfora para qualquer coisa. Sou uma mentirosa; sou uma contadora de histórias.

Universidade da Califórnia, Santa Cruz

# — Uma filosofia multiespécie
# para a sobrevivência terrestre
## Fernando Silva e Silva

*Cum panis.* Companheiros são aqueles com quem se partilha o pão, juntos à mesa. Donna Haraway recorre muitas vezes, ainda que não no *Manifesto das espécies companheiras*, a essa etimologia para sublinhar aquilo que quer dizer com espécie companheira. Sendo uma pessoa nascida e criada no catolicismo e que, segundo ela mesma, nunca se adaptou de todo ao secularismo, para Haraway, essa partilha do pão carrega evidentemente outras conotações. Por isso, ela retoma frequentemente a passagem do *Livro de João*: "a palavra se fez carne".

Misturas e geração mútua de palavra e carne são a preocupação de Donna Haraway desde seu primeiro livro, *Crystals, Fabrics, and Fields: Metaphors of Organicism in Twentieth-century Developmental Biology*, publicado em 1976. Nessa obra, a autora explora as metáforas que figuram embriões nas teorias biológicas de Ross Harrison, Joseph Needham e Paul Weiss. O estudo foi sua tese de doutoramento. Em todas as suas obras seguintes, seu pensamento misturaria cada vez mais discurso, biologia, filosofia e política.

Em 1985, Haraway publicou o ensaio que lhe rendeu fama internacional – e se tornou referência para o feminismo e os estudos da ciência e da tecnologia –, o *Manifesto ciborgue*, texto exemplar da criatividade de sua escrita e prática investigativa. Unindo uma série de transformações biotecnológicas e científicas do campo da informação e da comunicação, a filósofa feminista da ciência diagnosticou uma transição política do biopoder ao tecnobiopoder, ou o que chamou de "informática da dominação". Seu estudo buscava deslindar, apoiado tanto em sua herança marxista quanto foucaultiana, novas formas de produção, de subjetividade e de poder. A subjetividade ciborgue, pós-gênero, transformada pela informática da dominação, assim como as tecnologias ciborgues, era, ao mesmo tempo, um pesadelo produzido pelo complexo industrial-militar da Guerra Fria e um espaço a ser tomado, reivindicado e mobilizado para a ação política revolucionária. Daí, seu *slogan*: *"cyborgs for earthly survival!"* [ciborgues para a sobrevivência terrestre!].

Ao longo dos anos 1980 e 1990, com livros como *Primate visions: gender, race and nature in the world of modern science* e *Modest_Witness@Second_Millennium.FemaleMan©Meets_OncoMouse™*, Haraway seguiu investigando como discurso e carne se misturam em processos materiais-semióticos, um de seus termos mais duradouros. Em *Primate Visions*, voltou-se para nossos parentes primatas, investigando os discursos contemporâneos sobre eles e os saberes e práticas da primatologia, enquanto em *Modest_Witness* seu interesse se deslocou para o estranho parentesco entre ratos, ciborgues, *chips* e bancos de dados na pesquisa biomédica e militar.

Na sequência dessa trajetória, o *Manifesto das espécies companheiras*, publicado originalmente em 2003, representa uma continuidade dos cruzamentos de palavra e carne, assim como um giro que ressitua as preocupações de Donna Haraway. A partir dessa obra, a filósofa se volta para o conceito de espécie companheira e para histórias interespecíficas. Ela se apoia no trabalho de antropólogos e antropólogas – como Marilyn Strathern e Anna Tsing –, filósofos e filósofas – como Helen Verran e Vicki Hearne –, criadores e criadoras de animais – como Susan Garrett – e biólogos e biólogas que pensam a evolução a partir da simbiose e da ecologia – como Lynn Margulis e Scott Gilbert. O estudo de Haraway se desenrola a partir de seus próprios cães, Cayenne Pepper e Roland, que levam à análise singular da história de relação entre canídeos e hominídeos, atravessando os contextos da colonização das Américas, os ciclos intercontinentais de migrações de trabalhadores, as diferentes práticas de adoção de cães, as sociedades de criadores de cães e muitos outros aspectos dessa coevolução.

O *Manifesto das espécies companheiras* não pode ser reduzido a uma troca de objeto de discurso ou análise – como se Haraway houvesse se cansado dos primatas e das (bio)tecnologias e passasse a falar de seus animais de estimação –, e muito menos a uma troca de metáforas. Como ela sublinha, no manifesto e em sua obra, "[cachorros] não são substitutos da teoria; eles não estão aqui apenas para pensarmos com eles. Eles estão aqui para vivermos com eles".[1] Certamente, essa máxima não se aplica apenas aos cachorros visados por sua investigação imediata, mas a tudo aquilo ou todo aquele com quem se entra em uma relação de pesquisa e convivência. Assim, o giro que este manifesto representa na obra de Donna Haraway é o de desdobrar, sem inocência, as consequências da aproximação dos termos companheiro e espécie feita de maneira aprofundada.

Nas palavras da autora, em *When Species Meet*, seu livro seguinte, de 2008: "amarrar companheiro e espécie, no encontro, na consideração e no respeito, é entrar no mundo do devir-com."[2] Essa passagem ilustra bem como as diferentes disciplinas e temáticas mencionadas se unem em um programa filosófico com duas frentes: uma ética e outra ontológica.

---

1 D. Haraway, *Manifesto das espécies companheiras*, p. 14 desta edição.
2 D. Haraway, *When Species Meet*, p. 19.

Na frente ética, se trata de levar em consideração, e a sério, os modos de existência de outros seres (e outros humanos) em seus próprios termos, fazendo um esforço tradutório para que não se reduzam esses modos de existência a metáforas ou categorias humanas dominantes. Na frente ontológica, se afirma que jamais houve indivíduos – ou mesmo humanos, no sentido de uma espécie singular perfeitamente isolável de outras espécies e dos ambientes –, sempre se tratou de seres que emergem de uma teia multiespécie ramificante. No entanto, não no sentido genérico de um "tudo está conectado", mas na especificidade de certos mundos coletivos coconstruídos no tempo, no espaço e na carne, enquanto outros deixavam de existir.

É nesse contexto que Haraway encara seus parceiros caninos e se pergunta em que ponto suas trajetórias de vida se cruzam: "esse bicho – Cayenne – e eu, Donna: onde nos encontramos? Quando eu e meu cachorro nos tocamos, quando e onde estamos? Que mundificações e que tipos de temporalidades e materialidades irrompem nesse toque, e a que e a quem é necessária uma resposta?"[3] Isto é, o encontro com a alteridade não precisa ser pensado nos moldes de um choque com um Outro, enorme e metafórico – um não-eu –, mas com um outro significativo cuja trajetória de vida, recente e em sua história profunda, coconstitui o mundo atual, as fronteiras entre espécies, as demarcações entre escalas de tempo e espaço. O que move Haraway é pensar as consequências de entender Cayenne e Roland como seres completos, a quem nada falta para produzir mundos com seus companheiros humanos e não humanos. Ética e ontologia.

Não por acaso, o *Manifesto das espécies companheiras* é o primeiro de seus livros em que prolifera um dos termos mais

---

3 Entrevista neste volume, p. 140.

conhecidos da autora: natureza-cultura. Após décadas investigando o binarismo natureza/cultura, Haraway aposta na potência da indistinção e da indissolubilidade desses dois polos do pensamento moderno. Seu intuito é suspender a operação que separa o que seria natural do que seria cultural: as trajetórias de vida humanas, caninas, ou de qualquer outro ser, são sempre naturais-culturais. Isto é, são produto e produtoras de naturezas-culturas em que a vida individual é inextricável da coletividade e a existência de uma espécie depende incontornavelmente de suas relações com outras espécies e com os ambientes. Para as naturezas-culturas humanas, isso significa que o humano é inseparável do mais que humano.

Essa abertura ao mais que humano poderia ser compreendida como um posicionamento de Haraway no campo do chamado pós-humanismo, termo que a própria autora já mobilizou em algumas ocasiões e que faz parte da trajetória do feminismo e dos estudos feministas da ciência. No entanto, ela é direta: "a razão pela qual vou às espécies companheiras é para me afastar do pós-humanismo."[4] Para a filósofa, apesar de reconhecer bons trabalhos que colegas desenvolveram sob essa rubrica, o pós-humanismo está repleto de hiper-humanismos, novas apostas no projeto do Humano, seja através da salvação trans-humana ou do avanço do Espírito, que dão continuidade a certos tipos de narrativas heroicas. Não se trata, porém, de uma rejeição em bloco, como diz a autora: "a espécie companheira é meu esforço para estar em aliança e em tensão com projetos pós-humanistas."[5] Essa aliança parcial com o pós-humanismo busca enfatizar seu potencial de prestar atenção em outras formas de vida, socialidades e mundificações.

4 Entrevista neste volume, p. 131.
5 Idem.

No entanto, para Haraway, nas relações multiespécie que ela aborda aqui, o que está em jogo é uma forma de amor: "estar apaixonado significa estar no mundo, estar em conexão com a alteridade significativa e com outros que significam, em diversas escalas, em camadas de locais e globais, em teias que se ramificam."[6] Um amor que não pode ser explicado – ao menos não de modo satisfatório para quem o vive – por finalidades simples como a reprodução da espécie ou pela utilidade em termos de retorno material, em segurança etc. Apesar das figuras organizadoras do texto serem seus dois cães de estimação e uma comunidade mais ampla de sociedades caninas, treinadores e competidores, o amor em questão aqui não é apenas aquele direcionado aos animais de estimação, mas principalmente os afetos que produzem estranhas famílias em parentescos multiespécie. Isto é, ela busca interferir nas noções de parentesco e espécie ocidentais, marcadas tradicionalmente pela filiação e pela similaridade e, em tempos mais recentes, pelas conexões rastreadas pelo código genético. Nesse sentido, Haraway diz: "o *Manifesto das espécies companheiras* é como minha primeira incursão na tentativa de repensar espécie como ciborgue, cachorro, onco-rato, cérebro, banco de dados – essa família de parentes em *Modest_Witness* – estou levando isso a sério."[7] Esses parentescos estranhos dizem respeito ao "mundo do devir-com", ao modo como indivíduos e espécies vêm à existência, e persistem nela, não apenas linearmente – como os ramos bifurcantes de uma árvore –, mas também por meio de conexões insólitas e inesperadas com uma ampla comunidade multiespécie.

Essa virada em direção às espécies companheiras não faz desaparecer o amplo leque de questões ligadas às tecnolo-

---

6 D. Haraway, *Manifesto das espécies companheiras*, p. 93 desta edição.

7 Entrevista neste volume, p. 139.

gias da comunicação e informação que Haraway explorou nas décadas de 1980 e 1990 com a figura da ciborgue. Entretanto, para ela, as "refigurações ciborgues dificilmente esgotam o trabalho trópico necessário para a elaboração de uma coreografia ontológica na tecnociência".[8] Isto é, os impasses biotecnológicos e ligados à informática da dominação encarnados pela figura ciborgue não bastam para o projeto de engajamento crítico com as ciências que Haraway busca desenvolver, sobretudo no que diz respeito às espécies e suas múltiplas relacionalidades. Por isso, desde então, ela vê "ciborgues como irmãos e irmãs mais jovens na imensa família *queer* das espécies companheiras".[9] Assim, o *Manifesto das espécies companheiras*, como um bom manifesto, anuncia uma nova orientação intelectual e política de seu projeto investigativo, como vemos em *When Species Meet* e numa série de artigos e falas posteriores, culminando no recente *Staying with the Trouble*, de 2016, que já apresenta uma série de novos elementos, a partir da retomada de questões anteriores. Assim, nesse novo projeto, a filósofa pretende "habitar o tecnobiopoder e habitar a configuração material-semiótica do mundo em sua forma das espécies companheiras, em que o ciborgue é uma das figuras, mas não a dominante".[10] O novo manifesto se alimenta do anterior, de seu projeto político – um tecnobiossocialismo *queer* – e de seus *insights* filosóficos sobre identidade, encontros de escalas de tempo e espaço, e produção coletiva do futuro. Agora, na chave das espécies companheiras, se trata de afirmar de modo enfático que o viver e morrer bem na Terra não é um projeto unicamente de e para humanos nem pode sê-lo.

8 D. Haraway, *Manifesto das espécies companheiras*, p. 19 desta edição.

9 Ibid., p. 19.

10 Entrevista neste volume, p. 149.

O *Manifesto das espécies companheiras* é o chamado a um trabalho coletivo político, científico, filosófico e artístico que não desvie os olhos dessas paixões interespécies que conectam as trajetórias dos viventes. Terminemos por onde começamos, para Haraway, "somos companheiros, *cum panis*, juntos à mesa. Estamos em risco uns com os outros, somos a carne uns dos outros, comemos e somos comidos – e ficamos com indigestão – estamos, no sentido de Lynn Margulis, na conjuntura simbiogenética de viver e morrer na Terra".[11] A aposta da filósofa é a de que um futuro vivível na Terra, com sociedades mais justas, se produzirá apenas com o cuidado e a atenção multiespécie, e seu manifesto nos convida a nos colocarmos em jogo – juntos.

**Fernando Silva e Silva** é filósofo, tradutor e professor e pesquisador da Associação de Pesquisas e Práticas em Humanidades (APPH). Possui formação em Letras e Filosofia. Atualmente, pesquisa pensamento ambiental e história das ciências, e está concluindo sua tese de doutorado em Filosofia na Pontifícia Universidade Católica do Rio Grande do Sul (PUCRS) sobre metafísica, ciências e ecologia.

— Referências

HARAWAY, D. *When Species Meet*. Minneapolis: University of Minnesota Press, 2008.
HARAWAY, D. *Manifestly Haraway*. Minneapolis: University of Minnesota Press, 2016.

---

11 D. Haraway, *Manifestly Haraway*, p. 215.

# — Bibliografia selecionada de Donna Haraway

**1976** *Crystals, Fabrics, and Fields: Metaphors of Organicism in 20th Century Developmental Biology* (versão em livro de sua tese de doutorado).

**1985** *A Cyborg Manifesto: Science, Technology, and SocialistFeminism in the Late Twentieth Century* [Ed. bras.: "Manifesto ciborgue: ciência, tecnologia e feminismo-socialista no final do século XX", trad. Thomaz Tadeu. *In: Antropologia do ciborgue: as vertigens do pós-humano*. Belo Horizonte: Autêntica, 2000, e HOLLANDA, Heloisa Buarque de (org.). *Pensamento feminista: conceitos fundamentais*. Rio de Janeiro: Bazar do Tempo, 2019]" (artigo).

**1988** *Situated knowledges: the science question in feminism and the privilege of partial perspective* (artigo).

**1989** *Primate Visions: Gender, Race, and Nature in the World of Modern Science* (livro).

**1991** *Simians, Cyborgs and Women: The Reinvention of Nature* (reunião de artigos escritos entre 1978 e 1989).

**1997** *Modest_Witness@Second_Millennium. FemaleMan©_Meets_OncoMouse™: Feminism and Technoscience* (livro).

**2003** *The Companion Species Manifesto: Dogs, People, and Significant Otherness* [Ed. bras.: *O manifesto das espécies companheiras – cachorros, pessoas e alteridade significativa*. Rio de Janeiro: Bazar do Tempo, 2021].

**2004** *The Haraway Reader* (reunião de artigos escritos entre 1985 e 2003).

**2007** *When Species Meet* (livro).

**2016** *Staying with the Trouble: making kin in the Chthulucene* (livro).

**2018** *Capitalocene and Chthulucene* – verbete no *Posthuman glossary* (livro organizado por Rosi Braidotti e Maria Hlavajova).

— Filme

**2016** *Donna Haraway: storytelling for earthly survival* (filme de Fabrizio Terranova).

— Podcast

**2019** *Reflections on the Plantationocene: a conversation with Donna Haraway and Anna Tsing* (podcast *Edge Effects*).

**Donna Haraway** nasceu em Denver, Estados Unidos, em 6 de setembro de 1944. Seu pai era jornalista esportivo do *Denver Post* e sua mãe, de família irlandesa católica, morreu quando Haraway tinha apenas 16 anos. Haraway se graduou em zoologia na Colorado College, com formações complementares em filosofia e inglês. Estudou brevemente biologia evolutiva e teologia na Fundação Teilhard de Chardin, em Paris, até começar sua pós-graduação em Yale. Concluiu seu doutorado em biologia em 1972, sob a orientação do famoso biólogo e ecólogo Evelyn Hutchinson. Nos anos 1970, Donna Haraway foi professora na Universidade do Havaí e na Universidade Johns Hopkins, ensinando temas relacionados ao estudo feminista das ciências. Em 1980, ao integrar o corpo docente da Universidade da Califórnia, em Santa Cruz, ela se tornou a primeira professora de teoria feminista com estabilidade (*tenure*) dos Estados Unidos. Aposentou-se como professora em 2010, mas segue atuando como pensadora pública, escrevendo diversos artigos, desenvolvendo pesquisas e participando de uma série de eventos. Ao longo de sua carreira de mais de cinquenta anos como pesquisadora, Haraway tem contribuído de modo incontornável para o pensamento feminista, a filosofia, a história das ciências, a ética e a filosofia política.

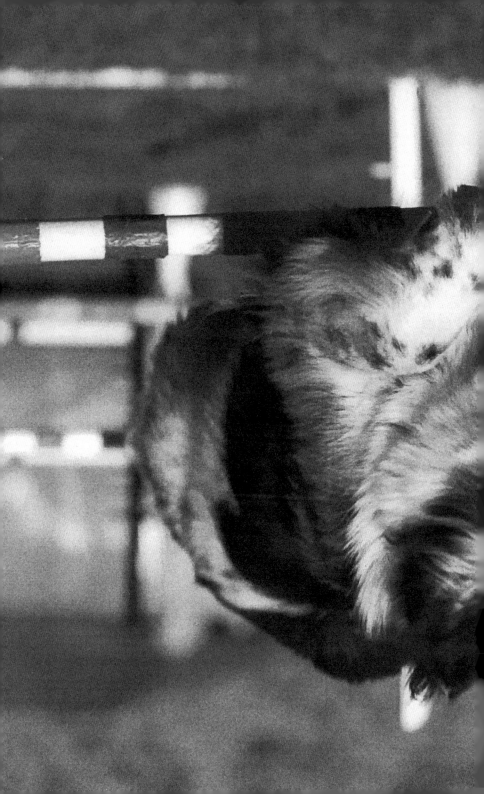

Coleção #Mundojunto

**Sobre o vegetarianismo**
*de* Mahatma Gandhi

**Onde aterrar?**
— Como se orientar politicamente no Antropoceno
*de* Bruno Latour

**Manifesto das espécies companheiras**
— Cachorros, pessoas e alteridade significativa
*de* Donna Haraway

Próximos títulos:

**Onde estou?**
— Lições do confinamento para o uso dos terrestres
*de* Bruno Latour

**A feitiçaria capitalista**
*de* Isabelle Stengers *e* Philippe Pignarre

Este livro foi editado pela Bazar do Tempo no outono de 2021, na cidade de São Sebastião do Rio de Janeiro, e impresso no papel pólen bold 90 g/m². Ele foi composto com as tipografias GT Alpina e Whyte e reimpresso pela gráfica Margraf.

2ª reimpressão, setembro 2023